THÉORIE COMPLETE

DE

LA CONSTRUCTION

ET DE

LA MANŒUVRE

DES VAISSEAUX,

Mise a la portée de ceux qui s'appliquent a la Navigation.

Par M. Léonard Euler.

Nouvelle Edition corrigée & augmentée.

A PARIS, rue Dauphine;

Chez Claude-Antoine Jombert, fils aîné, Libraire du Roi pour le Génie & l'Artillerie.

M. DCC. LXXVI.

AVEC APPROBATION ET PRIVILEGE DU ROI.

A SON ALTESSE IMPÉRIALE

MONSEIGNEUR

PAUL PETROVITZ,

GRAND-DUC DE TOUTES LES RUSSIES, DUC-RÉGNANT DE SCHLESWIG-HOLSTEIN, GRAND-AMIRAL DE RUSSIE, &c. &c. &c.

MONSEIGNEUR,

LE petit Ouvrage que je prends la liberté de dédier avec le plus profond respect à *VOTRE ALTESSE IMPÉRIALE*, roule sur un objet qui semble suffisamment excuser ma hardiesse.

La Science de tout ce qui regarde la Navigation est sans contredit une des plus sublimes & des plus utiles connoissances de l'esprit humain. Cependant elle a été jusqu'ici presqu'entièrement négligée, & quoique ce ne soit que depuis quarante ans que les Géome-

tres y aient travaillé avec quelque succès, leurs découvertes font tellement enveloppées dans les plus profonds calculs, que les Marins n'en ont pu retirer presqu'aucun fruit.

Je me flatte d'avoir trouvé moyen de mettre toutes leurs recherches à la portée de ceux qui s'appliquent à la Marine, & il n'y a aucun doute qu'une connoissance exacte des vrais principes & des raisons sur lesquelles se fonde la bonté de la construction des vaisseaux, ne les mette en état de perfectionner la pratique, & de remédier à tous les défauts qui pourroient encore s'y glisser.

L'utilité qui peut résulter de cet Ouvrage, m'a enhardi à le mettre aux pieds de VOTRE ALTESSE IMPÉRIALE, & j'ose espérer qu'Elle voudra bien en agréer l'hommage.

Je suis avec le plus profond respect,

MONSEIGNEUR,

DE VOTRE ALTESSE IMPÉRIALE,

St. Pétersbourg le 30 Novembre 1773.

Le très-humble & très-obéissant serviteur,
L. EULER.

THÉORIE COMPLETE

DE LA CONSTRUCTION

ET DE LA MANŒUVRE DES VAISSEAUX.

PREMIERE PARTIE.

Où l'on considere les Vaisseaux en équilibre
& en repos.

CHAPITRE PREMIER.

Des Vaisseaux en général.

§. I. QUELQUE différentes que soient les figures des vaisseaux dont on se sert dans la navigation, on y trouve cette propriété générale, que chaque vaisseau est composé de deux parties parfaitement égales & jointes par le milieu, selon la longueur du vaisseau ; ensorte qu'il y a toujours une section qui partage le vaisseau en deux parties semblables & égales. Cette section, faite de-

A

puis la proue jufqu'à la pouppe par le milieu du vaiffeau, fera nommée la *fection
diamétrale*, & on appellera *ftribord* la moitié du vaiffeau qui fe trouve à la droite de
cette fection, à l'égard d'un fpectateur qui,
de la pouppe, regarderoit vers la proue; &
bas-bord, celle qui eft à la gauche.

§. 2. Puifque ces deux parties font non-
feulement femblables entr'elles, mais qu'on
a auffi foin de les charger également des
deux côtés, le centre de gravité du vaiffeau
tout entier tombera néceffairement dans la
fection diamétrale; & il eft de la derniere
importance de connoître exactement le lieu
de ce point que nous défignerons, dans la
fuite, par le nom de *centre de gravité*.

§. 3. Quand le vaiffeau fe trouve en équilibre, la fection diamétrale doit toujours
être verticale ou perpendiculaire à l'horizon : outre cela, on peut fuppofer une ligne parallele à l'horizon, qui paffant par le
centre de gravité, fera dirigée depuis la
pouppe jufqu'à la proue, & nous nommerons cette ligne *l'axe principal du vaiffeau
felon fa longueur;* une ligne verticale, menée par le centre de gravité, fera nommée
l'axe vertical du vaiffeau; enfin une troifieme ligne perpendiculaire à ces deux axes,
qui traverfera le vaiffeau felon fa largeur,

fera appellée l'axe *du vaiſſeau ſelon ſa largeur*. C'eſt à ces trois axes qui ſe coupent
perpendiculairement dans le centre de gravité, qu'il faut principalement avoir égard
lorſqu'il s'agit de déterminer tous les mouvemens dont un vaiſſeau eſt ſuſceptible.

§. 4. On ſait que le centre de gravité eſt
le point où ſe réunit le poids du vaiſſeau
tout entier, ou par lequel paſſe la moyenne
direction de toutes les forces de gravité dont
toutes les parties du vaiſſeau ſont animées :
donc auſſi-tôt qu'on connoît le poids du
vaiſſeau tout entier, on ſait qu'il eſt pouſſé
par une force égale à ce poids, & dont la
direction ſe trouve préciſément dans l'axe
vertical du vaiſſeau, & tend vers le centre
de la terre.

§. 5. Après les trois axes dont nous venons de parler, il eſt bon auſſi de conſidérer trois ſections principales de chaque vaiſſeau, dont la premiere eſt celle qui eſt déterminée par l'axe principal ſelon la longueur & par l'axe vertical : d'où il eſt clair
que cette ſection eſt la même que celle que
nous avons déja nommée la diamétrale. La
ſeconde ſection principale eſt déterminée
par l'axe ſelon la largeur & par l'axe vertical ; elle eſt donc auſſi-bien verticale que la
précédente : mais comme elle eſt faite ſelon

la largeur du vaiſſeau, elle eſt nommée la
ſection tranſverſale ; enfin la troiſieme ſection principale faite par les deux axes horizontaux, celui de longueur & celui de largeur, ſera auſſi horizontale, & par-tout parallele au niveau de la mer, lorſque le vaiſſeau ſe trouve en équilibre.

§. 6. La conſidération de ces trois ſections principales eſt d'autant plus importante, qu'elle renferme déja une connoiſſance aſſez complete de la figure de tous
les vaiſſeaux ; car quoique ces trois ſections
ne déterminent pas encore la figure du vaiſſeau, & qu'elles puiſſent convenir à une infinité de figures différentes du vaiſſeau entier : cependant toutes ces différences ne
ſauroient excéder certaines bornes aſſez
étroites ; de ſorte que quelqu'idée que nous
nous formions de la figure du vaiſſeau, elle
ne ſauroit s'écarter conſidérablement de la
vérité.

Fig. 1. §. 7. Pour rendre cela plus clair : que la
figure premiere nous repréſente la figure
d'un vaiſſeau quelconque, dont IACBK
ſoit la ſection diamétrale, ſoit G le centre
de gravité du vaiſſeau, par lequel ſoit tiré
dans un même plan vertical l'axe ſelon la
longueur AGB, & l'axe vertical DGC ;
auxquels ſoit mené horizontalement & ſe-

lon la largeur du vaiſſeau, le troiſieme axe
EGF qui coupe les deux premiers à angles
droits ; enſorte que les trois axes principaux ſoient AGB, CGD & EGF. Enſuite,
outre la ſection diamétrale & verticale ACB,
ſoit AEBF la figure de la ſection horizontale du vaiſſeau faite par le centre de gravité G, & enfin ECF la ſection tranſverſale ; il eſt évident que dès que ces trois
figures ſeront déterminées, la figure du vaiſſeau tout entier ne pourra plus varier conſidérablement. Cependant, pour connoître
exactement cette figure, on n'a qu'à ſe repréſenter quelques autres ſections verticales
paralleles à la tranſverſale, tant vers la proue,
que vers la pouppe ; & plus le nombre de
ces ſections ſera grand, plus on approchera
de la véritable figure du vaiſſeau. On appelle *gabaris* ces ſections d'un vaiſſeau paralleles à la tranſverſale.

CHAPITRE II.

Sur la flottaison du vaisseau, ou son état
d'équilibre en général.

Fig. 2. §. 8. CONSIDÉRONS à présent notre vaisseau nageant sur l'eau, & se trouvant en équilibre. Le point G marque le centre de gravité, & la droite DGC l'axe vertical du vaisseau. Il faut d'abord remarquer ici une nouvelle section horizontale du vaisseau, faite à fleur d'eau : cette section est représentée par la ligne horizontale MHN, par laquelle le vaisseau est partagé en deux parties, l'une qui se trouve hors de l'eau, & l'autre MCN qui est enfoncée dans l'eau, qu'on nomme la partie submergée, & quelquefois aussi le creux du vaisseau, ou la carene.

§. 9. Pour juger de cet état d'équilibre où nous supposons que le vaisseau se trouve, il faut bien considérer toutes les forces qui agissent sur le vaisseau ; & d'abord nous avons le propre poids du vaisseau tout entier, par lequel le vaisseau est poussé en bas selon l'axe vertical GC qui passe par le centre de gravité du vaisseau. Cette force doit donc être balancée par tous les efforts que l'eau exerce sur les parois de la partie sub-

mergée, & par conféquent il faudroit calculer, pour chaque élément de la furface
fubmergée, la preffion qu'il éprouve de
l'eau ; ce qui demanderoit des recherches
affez embarraffantes, & une longue fuite
de calculs : mais la confidération fuivante
nous conduira très-facilement à ce but.

§. 10. Comme le vaiffeau occupe dans
l'eau, par fa partie fubmergée, la cavité
MCN, comparons ce cas avec un autre où
la même cavité MCN feroit remplie d'eau,
ou bien d'une maffe folide de la même denfité, de la même figure & du même volume ; & il eft d'abord évident que cette
maffe d'eau ou cette maffe folide fe trouvera dans un parfait équilibre avec l'eau
qui l'environne ; il eft clair encore que cette
maffe fouvient, de la part de l'eau environnante s mêmes efforts que notre vaiffeau ; où l'on voit que ces efforts de l'eau
balanc nt le poids de la maffe d'eau ou de
glace que nous venons de fubftituer à la
place du vaiffeau : donc, puifque ces mêmes fforts foutiennent auffi le poids du
vaiff au tout entier, il s'enfuit que ce poids
eft p écifément égal au poids d'une maffe
d'eau qui rempliroit la même cavité MCN,
ou b n dont le volume feroit égal au volume de la partie fubmergée du vaiffeau.

Fig. 3.

§. 11. Voilà donc le premier grand principe sur lequel est fondée la théorie de la flottaison des corps qui nagent sur l'eau; c'est-à-dire, que la partie submergée doit toujours égaler en volume une masse d'eau qui auroit le même poids que celui du vaisseau: & c'est par ce principe qu'on détermine le véritable poids d'un vaisseau tout entier, en mesurant le volume de sa partie enfoncée dans l'eau; car alors en comptant 70 livres environ pour chaque pied cubique, on trouvera le poids du vaisseau exprimé en livres; mais dans nos recherches il sera plus convenable d'exprimer le poids de chaque vaisseau par le poids d'un volume d'eau égal à la partie submergée.

§. 12. Mais ce seul principe ne suffit pas pour déterminer l'état d'équilibre du vaisseau, il y en faut joindre un autre que nous trouverons aussi aisément. Nous n'avons qu'à considérer, dans la troi-

Fig. 3. sieme Figure, le centre de gravité de la masse d'eau MCN, que nous supposerons au point O. Cela posé, on voit que tous les efforts de l'eau environnante sont en équilibre avec une force égale au poids de la masse d'eau MCN, qui agiroit dans la direction perpendiculaire OC de haut en bas. Donc pour que notre vaisseau soit aussi en

équilibre avec les mêmes efforts, il faut
que le centre de gravité du vaisseau G se
trouve dans la même verticale HC, dans
laquelle est situé le point O. Pour cet effet,
on n'a qu'à marquer au-dedans du vaisseau
le point O où seroit le centre de gravité
de la partie submergée, si elle étoit composée d'une matiere homogene.

§. 13. Nommons donc, pour abréger,
ce point O le centre de la partie submergée, ou bien simplement le centre de la
carene; & maintenant l'état d'équilibre du
vaisseau sera déterminé par ces deux principes : 1°. que la partie submergée doit
égaler en volume une masse d'eau dont le
poids soit égal à celui du vaisseau; & 2°. que
le centre de gravité G, & le centre de la carene O, tombent dans la même ligne verticale
HC, qui est l'axe vertical du vaisseau. Pour
ce qui regarde ce point O, il est évident qu'il
tombe toujours au-dessous de la ligne d'eau
MN, & si les coupes horizontales de la partie submergée conservoient en descendant
par-tout la même étendue, de sorte qu'elle
eût une figure ou prismatique ou cylindri-
que, alors le point O tomberoit dans le
milieu de la profondeur HC; mais si l'é-
tendue de ces coupes diminuoit uniformément en descendant, & qu'elle se termi-

nât enfin à une ligne droite tirée par C, égale & parallele à MN, alors l'élévation du point O, ou bien l'intervalle CO seroit les deux tiers de toute la profondeur OH; mais si la même partie submergée se terminoit dans une pointe en C comme une pyramide renverfée, alors l'intervalle CO feroit les trois quarts de la profondeur HC. Quant au centre de gravité G, il peut arriver qu'il tombe ou au-deſſus de la ligne d'eau MN, ou au-deſſous, felon que la charge fera diſtribuée dans le vaiſ-feau. Ainſi dans les vaiſſeaux de guerre, où les canons, qui conſtituent une grande partie du poids, doivent être tous élevés au-deſſus de l'eau, le centre de gravité G fe trouvera au-deſſus de la furface de l'eau.

CHAPITRE III.

Sur les efforts de l'eau pour arquer le vaiſſeau. ·

§. 14. QUAND nous avons dit que les preſſions de l'eau fur la partie fubmergée du vaiſſeau contrebalancent ſa pefanteur, nous avons fuppoſé que les différentes parties du vaiſſeau ſont fi étroitement liées enſem-ble, que les forces qui agiſſent fur elles ne

font pas capables de les arquer ou courber ;
& l'on comprend aisément que si la liaison
des parties n'étoit pas assez forte, le vaisseau risqueroit ou d'être brisé en pieces, ou
de souffrir un changement dans sa figure.

§. 15. Le vaisseau se trouve dans un état *Fig. 4.*
semblable à celui d'une verge AB, qui,
étant sollicitée par les forces A*a*, C*c*, D*d*,
B*b*, peut bien être soutenue en équilibre,
si elle a une roideur suffisante : mais si elle
est sujette à se plier, on voit qu'elle se courbera vers le haut, son milieu obéissant aux
forces C*c* & D*d*, pendant que ses extrêmités sont actuellement tirées en bas par
les forces A*a* & B*b*.

§. 16. C'est dans un état semblable que
le vaisseau se trouve ordinairement ; &
comme des efforts semblables agissent continuellement tant que le vaisseau flotte sur
l'eau, il n'arrive que trop souvent qu'il en
éprouve enfin le funeste effet de s'arquer
par la quille. Il est donc bien important de
rechercher la véritable cause de cet accident.

§. 17. Pour cet effet, concevons le vais- *Fig. 5.*
seau partagé en deux parties par une section transversale faite selon l'axe vertical
du vaisseau, dans lequel se trouve tant 16

centre de gravité de tout le vaisseau G, que
le centre de la partie submergée O : ensorte que l'une de ces deux parties représente la proue, & l'autre la pouppe, que
nous considérerons chacune séparément.
Soit donc pour la proue, *g* le centre de
gravité du poids entier de cette partie, & *o*
le centre de la partie submergée qui lui répond. De la même maniere soit *γ* le centre
de gravité de toute la pouppe, & *ω* le centre de sa partie submergée.

§. 18. Maintenant il est clair que la proue
sera sollicitée par les deux forces *gm*, & *oω*,
la premiere tirant en bas, & la seconde
poussant vers le haut. De la même maniere la pouppe sera tirée en bas par la
force *γμ*, & poussée en haut par la force *ωγ*.
Or ces quatre forces se maintiendront en
équilibre, aussi-bien que les forces totales
réunies dans les points G & O, qui leur sont
équivalentes. Mais aussi long-tems que ni
les forces de l'avant, ni celles de l'arriere
ne tombent pas dans la même direction, le
vaisseau aura à soutenir des efforts dont
l'effet est d'arquer la quille vers le haut, si
les deux points *o*, *ω* sont plus voisins du milieu que les deux autres forces *gm* & *γμ*.
Un effet contraire arriveroit si les points
o & *ω* étoient plus éloignés du milieu que
les points *g* & *γ*.

§. 19. Or le premier de ces deux cas a ordinairement lieu dans presque tous les vaisseaux, leur creux ayant sa plus grande largeur vers le milieu, & devenant de plus en plus mince vers les extrêmités, pendant que les charges du vaisseau sont à proportion beaucoup plus considérables vers les extrêmités qu'au milieu. D'où l'on voit que plus cette différence sera grande, plus les forces qui tendent à arquer la quille vers le haut agiront avec efficacité. C'est ce qu'on ne peut se dispenser de considérer pour déterminer la force qu'il faut donner à cette partie du vaisseau pour prévenir cet effet.

§. 20. Si les autres circonstances permettoient, ou de charger davantage le vaisseau par le milieu, ou de donner à la partie submergée plus de creux vers la proue & la pouppe, un tel effet ne seroit plus à craindre. Mais la destination de la plupart des vaisseaux s'oppose à un tel arrangement : de sorte qu'il ne reste d'autres moyens que de renforcer la quille autant qu'il le faut pour prévenir ce funeste effet.

CHAPITRE IV.

Sur les trois différentes especes d'équilibre.

§. 21. APRÈS avoir établi les conditions de l'équilibre d'un corps flottant, voyons ce qui doit arriver lorsque le vaisseau est tant soit peu détourné de son état d'équilibre. Nous supposerons d'abord que l'inclinaison du vaisseau, relativement à sa situation naturelle, est extrêmement petite, & de cette supposition nous tirerons les conclusions nécessaires pour bien juger de son état d'équilibre ; car pour ce qui regarde les grandes inclinaisons qui pourroient devenir dangereuses à un vaisseau, cela demande des recherches particulieres.

§. 22. Dès qu'un vaisseau se trouve tant soit peu incliné ou déplacé de son état d'équilibre, il est clair que trois cas peuvent avoir lieu : 1°. ou le vaisseau reste dans cet état incliné ; & dans ce cas, on dit que l'équilibre est indifférent : 2°. ou il se rétablit dans sa situation précédente, & son équilibre sera permanent ; c'est-à-dire, qu'il sera doué d'une stabilité qui peut être plus ou moins grande selon les circonstances : ou enfin 3°. le vaisseau s'incline de plus en

plus, & se renverse entiérement. Un tel
équilibre est semblable à celui d'une ai-
guille qu'on auroit mise sur sa pointe, &
qui tombe aussi-tôt qu'elle reçoit la moindre impression. Un tel équilibre est nommé
chancelant. On voit que ni ce dernier cas,
ni le premier, ne sauroient être admis dans
les vaisseaux; & que dans le second cas, il
faut de plus, que la stabilité soit suffisante.

§. 23. Pour jetter dans nos recherches Fig. 6.
toute la clarté dont le sujet est susceptible,
considérons un vaisseau quelconque dans
son état d'équilibre, dont le centre de gravité soit G, & O le centre de la partie submergée : or la droite MN représente la section faite au niveau d'eau; de sorte que la
ligne GO est verticale. Maintenant supposons le vaisseau incliné, ensorte que la ligne m n soit devenue horizontale, ou se
trouve à la surface de l'eau, & que par conféquent la partie submergée soit mDn,
le vaisseau vers M se trouvant plus enfoncé de la partie M m, pendant que de
l'autre côté vers N, il est moins enfoncé de
la partie N n. Concevons outre cela, que
la nouvelle partie submergée nDm ait la
même étendue que celle de l'état d'équilibre; vu que c'est la premiere condition requise pour cet état.

§. 24. Par ce changement le centre de gravité du vaiſſeau occupera encore dans la figure le même point G; mais il n'en eſt pas de même du centre du creux, qui vient d'être augmenté du côté M, & diminué du côté N : ce centre a été néceſſairement tranſporté vers le côté M. Suppoſons-le en o. La ligne mn étant à préſent horizontale, qu'on y mene les verticales G γ, o ω; cela poſé, il eſt clair que ſi les deux points γ & ω ſe trouvoient réunis, les deux centres G & o tomberoient encore dans la même ligne verticale; & partant, le vaiſſeau ſe trouveroit encore en équilibre : ce qui eſt le premier cas rapporté ci-deſſus d'un équilibre indifférent. De-là on voit encore que ce cas ne ſauroit avoir lieu, que quand le point G eſt conſidérablement élevé au-deſſus du point O.

§. 25. Conſidérons en ſecond lieu le cas repréſenté dans la figure, où le point γ eſt plus près de la verticale GO, que le point ω. Puiſque le vaiſſeau eſt à préſent ſollicité en bas ſelon la direction G γ, & pouſſé en haut par une force égale dans la direction o ω, il eſt clair que la partie vers M doit s'élever & ſortir de l'eau ; c'eſt-à-dire, que le vaiſſeau ſe remettra dans ſon état d'équilibre précédent. C'eſt le ſecond des cas énoncés précédemment,

demment, celui d'un équilibre permanent, dont la ſtabilité ſera d'autant plus grande, que les deux points γ & ω ſeront plus éloignés l'un de l'autre : on n'a qu'à regarder la figure pour s'aſſurer que plus le centre de gravité G eſt bas, plus la ſtabilité devient grande.

§. 26. Enfin le troiſieme cas d'un équilibre chancelant aura lieu lorſque le point γ ſe trouve plus près de l'extrémité m que le point ω ; car alors les deux forces ſe réuniront pour enfoncer davantage la partie M m ; enſorte que le vaiſſeau en doit être tout-à-fait renverſé. Ce cas eſt donc d'autant plus à craindre, que le centre de gravité G ſe trouve plus élevé au-deſſus du fond du vaiſſeau ; mais on verra bientôt qu'outre les deux centres G & O, la figure & l'étendue de la ſection du vaiſſeau, faite à fleur d'eau, entrent ici principalement en conſidération.

§. 27. Dans la figure nous avons repréſenté cette inclinaiſon comme étant faite de la pouppe N vers la proue M, ou bien autour de l'axe tranſverſal du vaiſſeau ; mais il eſt évident que la même figure peut être appliquée au cas où le vaiſſeau eſt incliné d'un côté vers l'autre, ou autour de l'axe tiré ſuivant la longueur du vaiſſeau ; & de-

B

là on comprend aifément que pour bien juger de l'état d'équilibre d'un vaiffeau, il
faut étendre les recherches à l'un & à l'autre axe : car il pourroit bien arriver qu'un
vaiffeau eût affez de ftabilité à l'égard d'un
de ces deux axes, pendant que fon équilibre, à l'égard de l'autre, pourroit être indifférent, ou même chancelant. Mais il eft
en même tems certain que fi un vaiffeau a
un degré fuffifant de ftabilité par rapport
aux deux axes mentionnés, il en aura auffi
un fuffifant par rapport à tous les autres
axes intermédiaires, autour defquels le vaiffeau pourroit recevoir quelque inclinaifon.

CHAPITRE V.

*Sur la maniere de ramener la ftabilité à une
mefure déterminée.*

§. 28. DE ce que nous venons de dire, on
comprend déjà comment la ftabilité d'un
vaiffeau peut être plus grande ou plus petite que celle d'un autre : mais pour nous
en former une idée jufte & déterminée, le
meilleur moyen eft de voir quelle force il
faudroit appliquer à un vaiffeau pour le
maintenir dans l'état d'une inclinaifon donnée. On voit bien qu'il ne s'agit pas ici
d'une force abfolue, vu que des forces très-

différentes pourroient produire le même effet, étant appliquées à des points différens ; & il est clair qu'il faut ici sous-entendre le moment de forces, pris à l'égard de l'axe autour duquel l'inclinaison s'est faite.

§. 29. Or l'axe de l'inclinaison pour un vaisseau est toujours une ligne horizontale tirée par le centre de gravité du vaisseau tout entier. La méchanique nous enseigne qu'une force dont la direction passe par le centre de gravité d'un corps quelconque, ne lui imprime aucun mouvement angulaire, mais qu'elle est uniquement employée à produire un mouvement progressif ; donc, pour imprimer au vaisseau une inclinaison autour d'un axe horizontal, tiré par son centre de gravité, ou pour maintenir le vaisseau dans un tel état d'inclinaison, il faut que la force qu'on y emploie fournisse un moment par rapport à l'axe susdit ; & l'on sait qu'on trouve l'expression d'un tel moment en multipliant la force par sa distance à l'axe de l'inclinaison. D'où l'on comprend que plus cette distance sera grande, plus la force elle-même pourra être petite, sans que l'effet cesse d'être le même.

§. 30. Pour mieux éclaircir tout ceci, *Fig. 7.* soit le point G le centre de gravité du vaisseau

feau, & que la ligne AB en repréfente la
feƈtion faite à fleur d'eau lorfque le vaiſſeau
ſe trouve en équilibre ; mais que, par quelque cauſe que ce ſoit, le vaiſſeau ait été
incliné enſorte que la ligne *ab* ſe trouve
dans la ſurface de l'eau, l'angle de l'incli-
naiſon étant le petit angle A$\mathrm{I}a$ = B$\mathrm{I}b$, que
nous nommerons = i, & la partie ſubmer-
gée étant par conféquent la portion $a\mathrm{L}b$.
Maintenant que la ligne perpendiculaire
HGL repréſente un mât fixé dans le vaiſſeau, & qu'on lui applique au - deſſus du
point G en H une force HK capable de
maintenir le vaiſſeau dans cet état incliné ;
nous nommerons cette force K ; & puiſque
l'intervalle GH repréſente la diſtance de
cette force au point G, ou plutôt à l'axe de
l'inclinaiſon, le moment de cette force, que
nous cherchons, ſera exprimé par le produit K × GH. C'eſt le moment de force qui
doit être égal aux efforts du vaiſſeau même,
pour ſe rétablir dans ſon état d'équilibre.

§. 31. Il eſt clair que ce moment de
force doit dépendre non-feulement de toutes les circonſtances du vaiſſeau & de l'axe
autour duquel ſe fait l'inclinaiſon, mais
auſſi & principalement de la grandeur de
l'inclinaiſon même, que nous avons indiquée par l'angle A$\mathrm{I}a$ = i ; & comme nous

fuppofons cet angle *i* extrêmement petit, il eſt aifé de voir que le moment en queſ-tion doit être proportionnel au finus de cet angle : car plus cet angle augmente, plus la force du vaiſſeau, pour ſe rétablir en équi-libre, doit augmenter auſſi. Par conféquent le moment de force requis pour maintenir le vaiſſeau dans ſon état incliné, aura tou-jours une telle forme S. *t.* fin. *i*; S expri-mant une certaine forme abſolue, *t* une cer-taine ligne, & fin. *i* le finus de l'angle *i*, en fuppofant le finus total ＝ 1.

§. 32. Or quand on parle de la ſtabilité d'un vaiſſeau par rapport à un certain axe horizontal tiré par ſon centre de gravité G, l'idée qu'on s'en forme ne renferme point celle de la quantité de l'inclinaifon, la même idée devant ſe rapporter auſſi-bien à l'état de l'équilibre même, qu'à toutes les inclinaifons poſſibles. Pour fixer cette idée, nous n'avons donc qu'à omettre dans la formule rapportée le facteur fin. *i*, de ſorte que le produit S. *t* ſera employé pour exprimer ce que nous entendons par le ter-me de ſtabilité. La ſtabilité aura donc pour expreſſion le produit d'une certaine force, ou bien d'un poids S multiplié par une cer-taine ligne *i*.

§. 33. Cette formule eſt donc très-pro-

pre à nous donner une idée juſte & nette
de la ſtabilité des vaiſſeaux, & elle nous
met en état de comparer exactement entr'eux les degrés de ſtabilité qui peuvent
convenir à différens vaiſſeaux ; enſorte que
nous pourrons prononcer que la ſtabilité
d'un tel vaiſſeau eſt deux, trois ou pluſieurs
fois plus grande, ou plus petite, que celle
d'un autre, ſans avoir égard à la quantité
de l'inclinaiſon même que le vaiſſeau aura
ſoufferte.

§. 34. Ayant ainſi fixé l'idée de la ſtabilité de quelque vaiſſeau que ce ſoit, par
rapport à un axe horizontal quelconque,
idée compriſe dans la formule S. t, rien
n'eſt plus facile que de déterminer pour une
inclinaiſon quelconque i, le moment de
force requis pour maintenir le vaiſſeau dans
cet état incliné, ou bien celui avec lequel
le vaiſſeau même s'efforce de ſe rétablir en
équilibre : car on n'a qu'à multiplier cette
formule S. t par le ſinus de l'angle i, & alors
le produit S. t. ſin. i, exprimera ce moment
qu'on cherche. Ainſi, par exemple, ſi l'inclinaiſon étoit d'un degré, puiſque le ſinus
de cet angle eſt à-peu-près $\frac{1}{57}$ du ſinus total 1, le moment de force cherché ſera $\frac{1}{57}$.
S. t.

§. 35. Connoiſſant cette valeur de la ſta-

bilité S. *t*, il fera aifé de déterminer l'inclinaifon à laquelle un moment de force
quelconque, rapporté au même axe, fera
capable de faire pancher le vaiffeau. Car
foit cette force HK $=$ K, fa diftance GH
à l'axe d'inclinaifon $=$ *k*; & partant, le
moment de cette force $=$ K*k*, on aura
K*k* $=$ S.*t*. fin.*i*. D'où l'on tire fin. $i = \frac{K.k}{S.t}$,
de forte que le moment de force propofé
K. *k*, divifé par la ftabilité, nous fournit le
finus de l'inclinaifon cherchée; & partant,
l'inclinaifon même *i*.

Fig. 7.

§. 36. Comme nous ne confidérons ici
que des inclinaifons extrêmement petites,
& que d'ailleurs la fûreté de la navigation
exige que les vaiffeaux ne foient jamais expofés à des inclinaifons trop grandes; il
faut que la ftabilité S. *t* foit toujours plufieurs fois plus grande que les plus grands
momens de forces K. *k*, auxquels les vaiffeaux peuvent en effet être expofés. De-là
s'enfuit une regle de la derniere importance
dans la conftruction des vaiffeaux, qu'il
faut toujours procurer au vaiffeau un degré de ftabilité, tel qu'il foit plufieurs fois
plus grand que les plus grands efforts que
le vaiffeau aura à foutenir; ainfi, fi l'on exi-
geoit que l'inclinaifon ne furpafsât jamais
dix degrés, dont le finus eft environ ⅙, il

faut que la stabilité soit au moins six fois plus grande que les efforts que le vaisseau aura à soutenir.

§. 37. Après ces développemens de l'idée de la stabilité, il ne reste qu'à rechercher pour tous les vaisseaux la véritable valeur de notre formule supposée S. 1. Pour y parvenir, il faut examiner avec soin toutes les circonstances qui peuvent contribuer à augmenter ou à diminuer la stabilité des vaisseaux. C'est ce que nous tâcherons de mettre devant les yeux des Lecteurs aussi clairement qu'il nous sera possible, cette recherche exigeant ordinairement des raisonnemens extrêmement compliqués. Ce sera le sujet du Chapitre suivant.

CHAPITRE VI.
Sur la détermination de la stabilité des vaisseaux.

§. 38. LES efforts d'un vaisseau incliné, pour se remettre en équilibre, proviennent uniquement de toutes les pressions élémentaires que la partie submergée éprouve de la part des eaux qui l'environnent. La gravité du vaisseau même n'y contribue absolument point, puisque sa moyenne direc-

tion paſſe par le centre de gravité, & ne
fournit par conſéquent aucun moment de
force pour ſon rétabliſſement. Or nous
avons vu que toutes les preſſions élémentaires contrebalancent exactement le poids
d'une maſſe d'eau qui occuperoit le volume
de la partie ſubmergée du vaiſſeau; nous
n'avons donc qu'à regarder la partie ſubmergée comme une maſſe d'eau dont toutes
les parties ſeroient pouſſées verticalement
en haut avec autant de force que leur gravité les porte en bas.

§. 39. Cela poſé, concevons qu'un vaiſ- *Fig. 7.*
ſeau dont la partie ſubmergée dans l'état
d'équilibre étoit la portion ALB, ſoit tellement incliné que ſa partie ſubmergée
ſoit à préſent aL*b*, & conſidérons ce volume comme rempli d'eau. Nous n'avons
donc qu'à chercher combien de force chaque particule de ce volume, étant pouſſée
en haut avec une force égale à ſon poids,
exerceroit pour rétablir le vaiſſeau; &
pour cet effet il ne faut que chercher le
moment de chacune de ces forces par rapport à l'axe autour duquel l'inclinaiſon a
été faite. Cet axe eſt toujours, comme
nous avons vû, une ligne horizontale tirée
par le centre de gravité du vaiſſeau G, que
nous enviſagerons ici comme perpendicu-

laire au plan de la figure qui repréſente une ſection verticale faite par le centre de gravité G.

§. 40. Pour déterminer plus aiſément toutes ces forces élémentaires, décompoſons tout le volume ſubmergé *aLb*, enſorte qu'il contienne premiérement la partie ſubmergée dans l'état d'équilibre ALB; en ſecond lieu le volume angulaire AI*a* qu'il faut y ajouter; & troiſiémement le volume angulaire BI*b* qu'il en faut ſouſtraire pour avoir le volume ſubmergé *aLb*. Cherchons enſuite combien de force fournit chacune de ces trois portions pour faire tourner le vaiſſeau autour de l'axe mentionné; & nous n'aurons plus qu'à ajouter enſemble les forces, ou plutôt les momens de forces qui réſultent des deux premieres portions, & à retrancher de leur ſomme le moment de force qui réſulte de la derniere portion.

§. 41. Commençons donc par conſidérer la maſſe d'eau qui rempliſſoit l'eſpace ALB, dont nous ſavons déjà que le centre de gravité ſe trouve au point O. Il eſt clair que nous pouyons concevoir toute cette maſſe d'eau comme réunie dans le point O, & pouſſée verticalement en haut avec une force égale à son propre poids. Or le poids de cette masse ALB étant égal au poids du vaisseau tout entier, si nous nommons ce poids = M, la force appliquée en O, & qui pousse le vaisseau verticalement en haut, sera = M. Tirons maintenant du point O à la ligne *ab* devenue horizontale, la perpendiculaire O*m*, laquelle sera par conséquent verticale, & la direction de la force M. Pour trouver son moment, il n'est donc question que de tirer du point G sur cette ligne O*m* prolongée, la perpendiculaire G*v*, & le moment de cette force sera = M.G*v*. Mais la ligne OG qui étoit verticale dans l'état d'équilibre, est par conséquent perpendiculaire à la ligne AB, la ligne O*v* est perpendiculaire à la ligne *ab*; l'angle GO*v* est donc égal à l'angle de l'inclinaison AI*a*, que nous nommons *i*: donc la ligne G*v*, divisée par la distance OG, donnera le sinus de l'angle *i*; ou bien on aura G*v* = OG. sin. *i*. Par conséquent le moment de cette force sera = M. OG. sin. *i*.

§. 42. Voilà donc déjà le moment de force qui résulte de la portion d'eau ALB, que nous venons de trouver = M. OG. sin. *i*; M exprimant le poids du vaisseau tout entier, & la ligne OG l'élévation du

centre de gravité G au-deſſus du centre
du creux O dans l'état d'équilibre. Mais
comme cette force pouſſe en haut ſelon la
direction O*v*, il eſt évident qu'elle tend à
augmenter l'inclinaiſon, ou à plonger davantage la partie AL; enſorte que cette
force eſt contraire au rétabliſſement du
vaiſſeau dans l'état d'équilibre. Il ſuit de-là
que, ſi les deux autres portions d'eau AI*a*
& BI*b*, que nous avons encore à conſidérer, ne fourniſſoient pas un moment de
force en ſens contraire & plus grand que
celui-ci, le vaiſſeau n'auroit aucune ſtabilité, & la moindre inclinaiſon le renverſe-
roit tout-à-fait. On ſuppoſe dans tout ceci
que le point G eſt plus élevé que le point O,
comme il eſt repréſenté dans la figure : car
ſi le point G tomboit au-deſſous du point
O, alors le moment de cette force tendroit,
en ſens contraire, à rétablir le vaiſſeau dans
ſon état d'équilibre. Mais ce cas ne ſauroit
preſque jamais avoir lieu dans les vaiſſeaux.

§. 43. Conſidérons à préſent la portion
d'eau qui ſe trouve dans l'eſpace angulaire
AI*a* ; & puiſqu'il faut avoir égard à toutes
les particules d'eau qui ſe trouvent dans cet
eſpace, concevons dans la ſection à la ſurface de l'eau AB, qui répond à l'état d'é-
quilibre, une particule quelconque PP ex-

trêmement ou quafi infiniment petite, &
fur cette particule comme bafe, imaginons
la petite colonne PP*pp* terminée dans la
préfente fection *ab*, & qui lui foit perpendiculaire. Or, puifque nous fuppofons auffi
l'inclinaifon *i* infiniment petite, cette colonne pourra être regardée comme perpendiculaire fur la ligne AB : la hauteur
P*p* de cette colonne fera donc = IP. fin. *i*,
& fa folidité = PP. IP. fin: *i* ; laquelle repréfente le volume d'eau contenu dans cette
colonne, dont il faut trouver le poids. Pour
y parvenir, fuppofons le volume ALB de
la partie fubmergée du vaiffeau requife
pour l'équilibre = V ; puifque le poids d'un
tel volume d'eau égale précifément le poids
M du vaiffeau, nous n'avons qu'à faire cette
proportion : comme le volume V eft au
poids M, ainfi le volume de la colonne
PP*pp* à fon poids, qui fera par conféquent
= $\frac{M}{V}$. PP. IP. fin. *i*. Or au lieu de cette
expreffion, nous mettrons, pour abréger, la
lettre T, de forte que T = $\frac{M}{V}$. PP. IP. fin. *i*.

§. 44. Ayant trouvé le poids de cette
petite colonne d'eau PP*pp*, qui eft = T,
la force qui en réfultera eft dirigée en haut
& perpendiculaire à la ligne I*a*. Pour en
trouver le moment, ayant abaiffé du point

G fur la ligne *ab* la perpendiculaire G*g*, il
eft clair que ce moment fe trouvera en multipliant la force T par la diſtance *pg*, de
forte que le moment en queſtion ſera
$=$ T. *pg:* ou bien, puiſque *pg* $=$ I*p* $+$ I*g*,
& que la ligne I*p* eſt preſque égale à la ligne IP, à cauſe de l'angle *i* infiniment petit, ce moment de force ſera repréſenté par
ces deux parties T. IP $+$ T. I*g*; & cette
force tend évidemment à diminuer l'inclinaiſon, & à rétablir, l'équilibre. Suivant
donc le même procédé pour toutes les particules PP, qu'on peut concevoir dans la
ſection à fleur d'eau depuis I juſqu'en A,
la ſomme de toutes ces formules jointes
enſemble donnera le moment de force qui
réſulte de la portion d'eau contenue dans
l'eſpace angulaire AI*a*. Ces ſommes pourront donc être repréſentées, ſelon l'uſage reçu dans l'analyſe, de cette façon
$\int$ T. IP $+$ $\int$ T. I*g*; & cette formule exprimera le moment total de forces, réſul-
tant de la portion d'eau AI*a*, pour rétablir
le vaiſſeau dans ſon état d'équilibre.

§. 45. Conſidérant de la même maniere
l'eſpace BI*b*, comme rempli d'eau, & prenant ſur la ſection IB un élément quelconque QQ; ſoit QQ*qq* la petite colonne qui
lui répond, & qu'on peut regarder comme

perpendiculaire tant à AIB qu'à *aIb*, la so-
lidité de cette colonne se trouvera comme
ci-dessus $=$ QQ. IQ. sin. *i*: d'où son poids
sera $= \frac{M}{V}$. QQ. IQ. sin. *i* $=$ U, en mettant la lettre U pour désigner ce poids.
C'est donc à ce poids que la force de cette
colonne sera égale, & puisqu'elle agit verticalement en haut, son moment, par rapport à l'axe de l'inclinaison, sera $=$ U.*qg*;
ou parce que *qg* $=$ I*q* $—$ I*g*, & que I*q* $=$ IQ,
ce moment deviendra égal à U. IQ $—$ U. I*g*.
Le moment de toutes ces forces jointes ensemble sera donc exprimé ainsi $\int$ U. IQ
$— \int$ U. I*g*; & comme cette force est appliquée de l'autre côté du point G, son effet
tendra à augmenter l'inclinaison : mais puisque cette portion BI*b* doit être retranchée
des deux portions précédentes, son effet
doit être pris négativement ; & partant, le
vaisseau éprouvera de la part de cette portion un moment de force tendant à le rétablir en son état d'équilibre, & la valeur
de ce moment est telle que nous venons
de la trouver.

§. 46. Joignons à présent ensemble les momens de forces qui résultent des deux espaces angulaires AI*a* & BI*b*, & nous obtiendrons cette expression composée de 4 ter-
mes $\int$ T. IP $+ \int$ T. I*g* $+ \int$ U. IQ $— \int$ U. I*g*.

Nous examinerons d'abord le second & le quatrieme, l'un & l'autre renfermant le même intervalle Ig, qui demeure toujours le même pendant que les points P & Q parcourent les espaces IA & IB; ces deux termes peuvent donc être représentés en cette sorte Ig. $\int$T — Ig. $\int$U. Mais, puisque T désigne le poids de la colonne PP*pp*, la formule $\int$T exprimera le poids de la masse d'eau contenue dans l'espace AI*a*. De la même maniere $\int$U exprimera le poids de l'eau contenue dans l'espace BI*b*; par conséquent, puisque la partie submergée *a*L*b* dans l'état incliné, est égale à celle qui répond à l'équilibre ALB, les deux susdites portions $\int$T & $\int$U seront égales entr'elles, de sorte que le second & le quatrieme termes se détruisent mutuellement. Il suit de là que le moment de force qui résulte de ces deux espaces angulaires AI*a* & BI*b* se réduit à cette expression $\int$T. IP $+ \int$U. IQ; d'où l'on doit soustraire celui qu'a fourni la premiere portion qui étoit M. OG. sin. i, pour avoir le moment total de la force qui tend à rétablir l'équilibre.

§. 47. Remettons à présent à la place les lettres T & U leurs valeurs, qui sont

$$T = \tfrac{M}{V}. PP.IP. \text{sin.} \, i, \; \& \; U = \tfrac{M}{V}. QQ.IQ.$$

sin.

fin i. Or, les quantités $\frac{M}{V}$ & fin. i, demeurant les mêmes, pendant qu'on fait parcourir
aux points P & Q les efpaces IA & IB,
ces deux formules peuvent être repréfen-
tées en cette forte : $\frac{M}{V}$. fin. i. $\int$PP. IP^2

$+\frac{M}{V}$. fin. i. $\int$QQ. IQ^2 ; & partant le moment entier pour rétablir le vaiffeau, fera
$\frac{M}{V}$. fin. i. $(\int$PP. IP^2 $+$ $\int$QQ. IQ$^2)$
$-$ M. OG. fin. i. Telle eft la valeur de la
formule St fin. i, que nous avons fuppofée
dans le Chapitre précédent. Nous n'avons
donc qu'à divifer l'expreffion trouvée par
fin. i, pour avoir la ftabilité du vaiffeau par
rapport à l'axe propofé : cette ftabilité aura
par conféquent pour expreffion cette formu-
le : $\frac{M}{V}$. $(\int$PP. IP^2$+\int$QQ. IQ$^2)$$-$M. OG,
dont le premier membre dépend princi-
palement de la fection d'eau AB, & de fa
figure. C'eft ce que nous développerons
plus foigneufement dans le Chapitre fuivant, où nous traiterons de la nature de
cette formule $\int$PP. IP^2$+\int$QQ. IQ^2, fous
le titre du moment de la fection d'eau.

CHAPITRE VII.

Sur le moment de la section d'eau d'un vaisseau.

§. 48. En traitant ce sujet comme nous venons de faire, nous avons considéré les deux sections d'eau **AB** & *ab*, qui conviennent à l'équilibre & à l'état incliné du vaisseau, comme de simples lignes, & leur intersection I comme un point. Notre objet en cela, a été de ne pas trop embrouiller la figure, & de ne pas fatiguer l'imagination ; mais ces deux sections sont en effet des surfaces planes ; leur intersection est donc une ligne droite, horizontale & parallele à l'axe autour duquel se fait l'inclinaison : on doit donc concevoir cette ligne comme perpendiculaire au plan de la figure & passant par le point I. Cela posé, il est clair que les formules $\int$ PP. IP^2 & $\int$ QQ. IQ^2 expriment les sommes de tous les élémens qui remplissent la section à fleur d'eau **AB**, multipliés chacun par le quarré de sa distance à ladite intersection.

§. 49. Ensuite, puisque nous supposons les deux espaces angulaires **AI**a & **BI**b égaux entr'eux, il est évident que la commune intersection doit passer par le centre

Fig. 7.

de gravité de la section du vaisseau, faite
à fleur d'eau, que nous nommons simplement section d'eau. Soit donc cette section
d'eau repréfentée par la figure ACBD, dont *Fig.* 8.
la ligne AB eft le diametre, paffant de la
proue A à la pouppe B. C'eft dans cette
ligne que fe trouvera le centre de gravité
de cette furface plane. Suppofons que le
point I foit ce centre, & qu'on tire par ce
point la droite MN parallele à l'axe autour duquel fe fait l'inclinaifon. Pour trouver le moment de la section d'eau par rapport à cet axe, on n'a qu'à confidérer une
particule ou un élément quelconque Z, &
le multiplier par le quarré de fa diftance
à l'axe MN, ou bien par ZX^2; & la fomme
de tous ces produits, prife par toute la figure
ACBD de part & d'autre de l'axe MN, nous
donnera le moment cherché que nous avons
exprimé auparavant par la fomme de ces
deux formules $\int PP. IP^2 + \int QQ. IQ^2$.
Nous pourrons donc à préfent le repré-
fenter par la formule plus abrégée $\int Z. ZX^2$;
& la ftabilité du vaiffeau par rapport à l'axe
propofé, fera $= \frac{M}{V}. \int Z. ZX^2 - M. OG$,
M défignant le poids du vaiffeau tout entier, V le volume de fa partie fubmergée,
& OG l'élévation du centre de gravité G,
au-deffus du centre du creux O.

§. 50. On voit bien que le vaiſſeau peut s'incliner de façon que la ligne MN demeure immobile, pendant que la portion MAN ſe plonge dans l'eau, & que l'autre s'éleve au‑deſſus; & comme cette ligne MN paſſe toujours par le centre de gravité I de la ſection d'eau, ce point ſera préciſément le point d'appui que M. *de la Croix* a cherché autrefois avec tant de ſoin. Cela n'eſt pas contraire à la maniere dont nous enviſageons la choſe, quand nous rapportons toutes les inclinaiſons à des axes horizontaux qui paſſent par le centre de gravité G; car nous n'avons pas ajouté que le centre de gravité G demeure immobile pendant l'inclinaiſon. Or c'eſt une vérité reconnue dans la Méchanique, qu'une inclinaiſon autour d'un axe quelconque ſe peut toujours réduire à une égale inclinaiſon faite autour du centre de gravité, pourvu qu'on donne à ce centre un mouvement convenable; mais quand il s'agit des forces capables de produire une telle inclinaiſon, il les faut toujours rapporter à l'axe qui paſſe par le centre de gravité, & jamais à la ligne MN, quoiqu'elle demeure fixe pendant que le vaiſſeau s'incline.

§. 51. Il paroîtra d'abord que cette recherche préſente des difficultés preſque in‑

furmontables, puifque d'un côté il faut affembler dans une fomme tous les produits Z. ZX² par toute l'étendue de la fection d'eau ACBD, & que d'un autre côté il faut réitérer cette opération pour chaque axe féparément ; mais nous trouverons moyen de lever toutes ces difficultés fans beaucoup de peine. Car pour ce qui regarde la derniere, on verra qu'elle eft beaucoup moins confidérable qu'elle ne paroît, fi l'on fait attention qu'il fuffit de chercher deux momens de notre fection d'eau, l'un par rapport à fon grand axe AB, & l'autre par rapport à fon petit axe CD ; parce qu'ayant trouvé ces deux momens, on eft en état d'en déduire le moment par rapport à chaque axe intermédiaire & oblique MN ; & cela avec le feul fecours des principes de la Géométrie élémentaire, comme on le verra dans l'article fuivant. On remarquera que le grand axe AB eft toujours dirigé de la proue vers la pouppe, & que le petit axe CD eft perpendiculaire au grand, la deftination de tous les vaiffeaux demandant que leur longueur AB furpaffe confidérablement leur largeur CD.

§. 52. Suppofons donc qu'on ait trouvé les deux momens de la fection d'eau par rapport à ces deux axes principaux AB &

CD, que le premier de ces momens soit désigné par ce signe [AB], & le second par [CD] : pour trouver le moment par rapport à un autre axe quelconque MN, que nous désignerons pareillement par ce signe [MN], on supposera la déclinaison de cet axe par rapport au premier AB ; ou, ce qui revient au même, l'angle AIM $= \theta$, & l'on aura [MN] $=$ [AB]. cof. $\theta^2 +$ [CD]. fin. θ^2, où cof θ^2 exprime le quarré du cofinus de l'angle θ, & fin. θ^2 le quarré du finus du même angle θ : d'où l'on voit que dans le cas où l'angle $\theta = 0$, auquel cas l'axe MN tombe fur AB, à caufe de fin. $\theta = 0$, & cof. $\theta = 1$, on aura [MN] $=$ [AB] : & dans le cas de $\theta = 90°$, où l'axe MN tombe fur CD, à caufe de cof. $\theta = 0$, & fin. $\theta = 1$, on aura [MN] $=$ [CD], comme la nature de la chofe l'exige. Au refte, nous ne nous arrêterons point ici à démontrer cette vérité ; elle dépend de la pure Géométrie, & l'on en trouvera aifément la démonftration qui n'a rien de difficile. En faifant donc ufage du figne ci-deffus, la ftabilité du vaiffeau par rapport à l'axe MN, fera $= \frac{M}{V} \cdot$ [MN] $-$ M. OG.

§. 53. Tout fe réduit donc à trouver les momens d'une fection d'eau propofée par rapport à fes deux axes principaux AB &

CD, ou bien les valeurs des formules [AB]
& [CD]. Or comme cela demanderoit
une connoiſſance exacte de toute la figure
de la ſection, qu'on ne ſauroit preſque jamais obtenir, nous nous bornerons à appliquer cette recherche à deux figures principales, entre leſquelles la véritable figure
de toutes les ſections d'eau ſe trouve toujours renfermée. Car ſoit la premiere un
parallélogramme rectangle *aabb* repréſenté
dans ' Figure 9*me*, & l'autre un rhombe
ACB, repréſenté dans la 10*me* figure, l'une *Fig.* 9 &
& l'autre ayant les mêmes axes principaux 10.
AB & CD, qu'une ſection d'eau propoſée,
il eſt clair que la vraie ſection d'eau ſera
toujours moindre que la premiere de ces
deux figures, & toujours plus grande que
l'autre : de ſorte que quand nous aurons
déterminé les momens de ces deux figures,
celui de la ſection véritable tiendra toujours
un certain milieu entre ces deux limites,
étant plus proche de l'une ou de l'autre,
ſelon la figure du vaiſſeau ; & dans chaque
cas il ne ſera pas fort difficile de découvrir
à-peu-près le juſte milieu ; ce qui eſt ſans
doute ſuffiſant pour la pratique.

§. 54. Soit donc en premier lieu le pa- *Fig.* 9.
rallélogramme rectangle *aabb*, la ſection
d'eau que nous avons à conſidérer, dont le

grand axe soit AB, & le petit CD, qui s'entrecoupent en I, centre de gravité de cette figure. Cela posé, si l'on calcule les sommes de tous les produits élémentaires rapportés ci-deffus, on trouvera le moment de cette figure par rapport à son grand axe AB, ou bien la valeur de $[AB] = \frac{1}{12}$ AB. CD^3. On trouvera de même que $[CD]$, moment de cette figure par rapport au petit axe CD, eft $= \frac{1}{12}$ AB^3. CD. D'où l'on voit que le dernier de ces deux momens eft plus grand que le premier, & d'autant plus grand que le grand axe eft plus grand que le petit. Ainfi, par exemple, fi le grand axe AB étoit quatre fois plus grand que le petit, ou fi AB = 4. CD, le premier moment feroit au fecond comme 1 : 16 : & en général ces deux momens font entr'eux dans la raifon quarrée inverfe des axes auxquels ils fe rapportent ; c'eft-à-dire, qu'on aura toujours cette proportion $[AB] : [CD]$ $= CD^2 : AB^2$.

§. 55. Suppofons à préfent que la fection d'eau eft le rhombe ou lofange ACBD, dont les deux axes AB & CD fe coupent auffi dans le centre de gravité de la figure I ; ayant fait les calculs néceffaires, on trouvera le moment par rapport au grand axe AB, ou bien la valeur de $[AB] = \frac{1}{48}$ AB.

Fig. 10.

CD³ ; & le moment par rapport au petit axe [CD] $= \frac{1}{48}$ AB³. CD ; de sorte que ces deux valeurs ne different de celles du cas précédent que par le co-efficient numérique, qui, dans le premier cas, est $\frac{1}{12}$, & dans celui-ci $\frac{1}{48}$; c'est-à-dire, quatre fois plus petit ; ce qu'il est bon de remarquer, l'aire de cette figure étant précisément la moitié de la précédente. D'où il paroît qu'on peut inférer que les co-efficiens numériques pour d'autres figures quelconques suivent la raison composée de leurs aires, pendant que les expressio.. mêmes AB.CD³ & AB³. CD, entrent également dans les momens de toutes les figures.

§. 56. Pour s'assurer de la confiance qu'on peut avoir en cette regle, donnons à la section d'eau la figure d'une ellipse représentée dans la 8ᵐᵉ figure, dont le grand axe est pareillement AB, & le petit CD, *Fig. 8.* on fera les calculs selon les regles de l'analyse, & la quadrature du cercle entrant dans le résultat, on supposera que pour un cercle dont le diametre $= 1$, la circonférence $= \pi = 3{,}14159265$; & l'on aura le moment de cette ellipse par rapport à son grand axe AB, ou bien [AB] $= \frac{\pi}{64}$. AB. CD³, & l'autre moment par rapport au petit axe $[CD] = \frac{\pi}{64}$. AB . CD ; le co-efficient

numérique eſt ici $\frac{\pi}{64}$; au lieu que dans le

cas du rectangle il eſt $\frac{1}{12}$; de ſorte que ces

deux co-efficiens ſont entr'eux comme

$\frac{\pi}{64} : \frac{1}{12}$, ou comme $\pi : \frac{16}{3}$. Or l'aire de cette

ellipſe étant $= \frac{\pi}{4}$. AB. CD, elle eſt à l'aire

du rectangle comme $\pi : 4$; & partant, les

quarrés ſont entr'eux comme $\pi\pi : 16$. Il

faut avouer que ces deux proportions ne

ſont pas parfaitement égales ; mais la dif-

férence eſt ſi petite, que dans la pratique

on peut hardiment ſe ſervir de la regle rap-

portée au paragraphe précédent ; vu que

la nature de la choſe même n'eſt pas ſuſ-

ceptible d'une préciſion parfaite.

§. 57. Faiſant donc uſage de cette re-

gle, quelle que ſoit la figure de la ſection

d'eau d'un vaiſſeau, on en cherchera l'aire

pour la comparer avec l'aire du rectangle

Fig. 9. aabb formé par les mêmes axes principaux

de la figure propoſée, & l'on ſuppoſera

$\frac{l'aire}{AB. CD} = \alpha$; de ſorte qu'on peut, dans

chaque cas, regarder cette fraction α comme

connue. On aura donc le moment de cette

ſection d'eau, par rapport à ſon grand axe

AB ou $[AB] = \frac{\alpha\alpha}{12}$. AB. CD', & le moment par rapport à son petit axe, ou [CD] $= \frac{\cdot\cdot}{12}$. AB^3. CD. C'est ainsi que les grandes difficultés qui se font présentées au premier coup d'œil, se trouvent heureusement surmontées, & qu'on peut, dans la pratique, trouver très-aisément & sans crainte d'erreur sensible, les momens d'une section d'eau par rapport à ces axes principaux. On trouvera pareillement le moment pour tout autre axe MN de la section d'eau proposée ; car supposant, comme ci-dessus, l'angle AIM $= \theta$, on aura le moment cherché [MN] $= \frac{\cdot\cdot}{12}$. AB. CD. (CD^2. cof. $\theta^2 +$ AB^2. fin. θ^2.).

Fig. 8

CHAPITRE VIII.

Confidérations des autres élémens qui entrent dans la détermination de la ftabilité.

§. 58. APRÈS avoir éclairci toutes les difficultés fur les momens de la section d'eau, qui renferment le principal élément de la ftabilité des vaiffeaux, confidérons auffi les autres élémens qui entrent dans l'expreffion de cette ftabilité, afin qu'on foit en état de juger combien les différentes circonftances d'un vaiffeau contribuent ou à l'augmenter ou à la diminuer. Pour cet effet, reprenons notre formule qui donne la valeur de la ſtabilité par rapport à un axe quelconque MN, & qui eſt $\frac{M}{V}$ [MN] — M. OG.

§. 59. On voit d'abord que le poids du vaiſſeau M eſt un facteur de cette expreſſion ; de ſorte que les autres élémens demeurant les mêmes, la ſtabilité eſt proportionnelle au poids du vaiſſeau. Ainſi un vaiſſeau étant conſtruit ſur des dimenſions deux fois plus grandes, ſon poids devient huit fois plus grand, & ſa ſtabilité augmente dans la même raiſon. Cette augmentation de ſtabilité eſt néceſſaire, les grands vaiſſeaux étant expoſés à des efforts bien plus grands de la part des forces qui agiſſent ſur eux ; & comme ces efforts ſuivent la raiſon des ſurfaces des vaiſſeaux, ou la raiſon doublée de leurs dimenſions ſimples, & que leurs diſtances à l'axe de l'inclinaiſon ſont en raiſon de ces mêmes dimenſions, il eſt clair que les momens de ces efforts ſeront proportionnels au cube de ces dimenſions, ou bien au poids du vaiſſeau tout entier M, en faiſant abſtraction de l'inégalité ou diſſemblance dans leurs figures & arrimages.

§. 60. Paſſons au volume de la partie ſubmergée, déſigné par la lettre V, qui pourroit bien être regardé comme équivalent au poids du vaiſſeau M, puiſqu'une maſſe d'eau dont le volume ſeroit $= V$, auroit le même poids M ; mais ce volume V n'entre ici en conſidération qu'en tant qu'il eſt une étendue géométrique de trois dimenſions. Pour cet effet, ſoit ACBD *Fig. 11.* la ſection d'eau d'un vaiſſeau dont les deux axes ſoient, comme juſqu'ici, AB & CD, qui ſe coupent au centre de gravité I de cette même ſection : enſuite ſoit AEB la ſection verticale & diamétrale du vaiſſeau depuis la ſection d'eau juſqu'à la quille, de ſorte que cette figure repréſente la carene du vaiſſeau, dont nous conſidérons le volume $= V$; ſoit de plus le centre de gravité de ce volume en O, & le centre de gravité du vaiſſeau en G, pour avoir l'intervalle OG, qui entre auſſi dans l'expreſſion de la ſtabilité, étant très-poſſible que cette ligne GO ne paſſe pas par le point I. Nous aurons donc la profondeur de la carene ou le *tirant d'eau* repréſenté par la droite verticale IE, de laquelle dépend principalement le volume V, qu'on peut toujours enviſager comme un produit de la ſection d'eau même, par une certaine partie de la profondeur IE.

§. 61. Quant à l'aire de la fection d'eau, nous avons déjà remarqué qu'elle est toujours moindre que le rectangle de fes deux axes AB, CD, & plus grande qu'un rhombe dont les diagonales font AB & CD. Suppofons donc, comme ci-deffus, cette aire $= a.$ AB. CD, où a est une fraction moindre que 1, & plus grande que $\frac{1}{2}$. Cela pofé, il est clair que fi la carene confervoit jufqu'à la quille la même amplitude, ou que fes fections tranfverfales fuffent des rectangles, la folidité feroit V $= a.$ AB. CD. IE ; mais fi toutes les fections tranfverfales étoient des triangles terminés par leurs pointes dans la quille, alors l'aire ACBD ne devroit être multipliée que par la moitié de la profondeur IE ; de forte qu'on auroit V $= \frac{1}{2}. a.$ AB. CD. IE. Remarquons encore que fi toute la carene n'étoit qu'une pyramide renverfée & terminée au point E, on devroit multiplier l'aire ACBD feulement par le tiers de la profondeur IE ; mais ce dernier cas étant entiérement exclus de la pratique, on peut confidérer toutes les carenes comme renfermées entre les deux cas précédens ; de forte que, pour avoir le volume de la carene, il faut multiplier la fection d'eau par une certaine partie $\beta.$ IE de la profondeur ; β défignant auffi une fraction renfermée entre les limites 1

& $\frac{1}{2}$, il ne fera pas fort difficile d'en ·efti-
mer à-peu-près la jufte valeur dans cha-
que cas. Nous aurons donc le volume de
la carene $V = \alpha\beta$. AB. CD. IE, expreffion qui repréfente une certaine partie du
folide formé par les trois dimenfions AB,
CD & IE. On remarquera que le co-efficient $\alpha\beta$ fera toujours moindre que 1, &
plus grand que $\frac{1}{4}$, puifque l'une & l'autre
de ces deux quantités α & β eft contenue
entre les limites 1 & $\frac{1}{2}$.

§. 62. Il nous refte à confidérer l'intervalle OG qui contient deux parties OF &
FG. La partie OF eft déterminée uniquement par la figure de la carene ; l'autre
partie FG dépend de la charge du vaiffeau
tout entier, & de la fituation du centre de
gravité G, qui peut varier d'une infinité
de manieres, & fe trouver plus ou moins
élevé au - deffus de la fection d'eau, ou
tomber même au-deffous ; auquel cas l'intervalle FG deviendroit négatif. Voyons
d'abord quel fera le rapport de la partie OF
à la profondeur IE dans les trois cas rapportés ci - deffus. Dans le premier, où
nous avons $\beta = 1$, & où la carene a par-
tout la même largeur, il eft clair qu'on
aura OF $= \frac{1}{2}$. IE. Dans le fecond cas, où
$\beta = \frac{1}{2}$, & toutes les fections tranfverfales

des triangles, on aura $\dot{O}F = \frac{1}{3}.$ IE; & enfin dans le troisieme cas, où $\beta = \frac{1}{3}$, on aura OF $= \frac{1}{4}.$ IE. D'où nous concluons que si l'on avoit $\beta = \frac{1}{n}$, on auroit OF $= \frac{1}{n+1}.$ IE; & par conséquent qu'ayant trouvé la valeur de β, on peut supposer l'intervalle OF $= \frac{\beta}{\beta+1}.$ IE, de sorte que notre dernier élément devient . . . . . .

$$OG = \frac{\beta}{\beta+1}. \text{ IE.} + GF.$$

§. 63. Ayant développé tous ces élémens qui entrent dans la formule qui exprime la stabilité, on voit, 1°. que la quantité [MN] renferme quatre dimensions, ou qu'elle est un produit de quatre lignes multipliées les unes par les autres, & 2°. que le volume V est une quantité de trois dimensions : d'où il est clair que la formule $\frac{[MN]}{V}$ exprime une certaine ligne droite, laquelle étant supposée $= l$, la stabilité sera $= M. (l - OG)$. Il suit de-là que cette longueur l doit toujours être plus grande que l'intervalle OG; & comme elle dépend de l'axe MN, autour duquel se fait l'inclinaison, elle deviendra la plus petite lorsque l'axe MN tombera sur le grand axe AB. Il est donc absolument nécessaire que

cette

cette plus petite valeur de la lettre *l* ſoit
encore plus grande que l'intervalle OG ; &
pourvu qu'on parvienne à rendre la ſtabilité des vaiſſeaux par rapport au grand axe
AB, aſſez grande pour réſiſter à tous les
efforts, on peut être aſſuré que la ſtabilité
ſera plus que ſuffiſante pour tous les autres
axes.

§. 64. Si les vaiſſeaux étoient à tous
égards parfaitement ſemblables entr'eux,
de ſorte que leurs poids fuſſent comme les
cubes de leurs dimenſions ſimples, & que
la différence *l* — OG ſuivît la raiſon ſimple de ces dimenſions, leur ſtabilité ſeroit
comme les quatriemes puiſſances des dimenſions ſimples. Mais les efforts auxquels
les vaiſſeaux ſont expoſés, ſuivent la raiſon des cubes de leurs dimenſions. Les
grands vaiſſeaux ont donc, à proportion,
plus de ſtabilité que les petits ; & partant,
étant agités par des efforts ſemblables, ils
doivent s'incliner moins que les petits. Il
paroîtroit ſuivre de-là qu'on pourroit diminuer la ſtabilité des grands vaiſſeaux,
& la réduire à être proportionnelle au cube
de leurs dimenſions. Mais il faut remarquer que certaines inclinaiſons qui ne feroient courir aucun riſque à de petits vaiſſeaux, pourroient devenir funeſtes aux

D

grands : d'où l'on doit conclure qu'il est très-sage de donner aux grands vaisseaux une plus grande stabilité, à proportion, qu'aux petits ; mais nous examinerons tout ceci plus en détail dans le Chapitre suivant.

CHAPITRE IX.

Sur les moyens de procurer aux vaisseaux un degré suffisant de stabilité.

§. 65. **N**ous avons fait voir ci-dessus que le moment d'une section d'eau par rapport à son grand axe AB est le plus petit, & celui par rapport au petit axe CD le plus grand, & que le premier est au second comme CD^2 à AB^2. Il suit de-là que la stabilité d'un vaisseau par rapport à son grand axe AB est aussi la plus petite, & par rapport au petit axe la plus grande, & même dans une plus grande raison que celle de CD^2 à AB^2. Car la stabilité, par rapport à l'axe AB, ayant été trouvée $= M (\frac{[AB]}{V} - OG)$, & celle par rapport à l'axe $CD = M (\frac{[CD]}{V} - OG)$; il est clair que ces deux expressions ont entr'elles une plus grande raison que leurs premieres parties $\frac{[AB]}{V}$ & $\frac{[CD]}{V}$, puifque la même quantité OG eft retranchée de chacune. Or il eft néceffaire que la derniere ftabilité foit plus grande que la premiere, puifque les mêmes efforts ou chocs frappant fur la proue ou la pouppe, produifent un plus grand moment que lorfqu'ils frappent les côtés du vaiffeau. Mais leur rapport eft tout au plus celui de AB à CD; donc puifque les ftabilités fuivent une beaucoup plus grande raifon, il eft clair que dès qu'un vaiffeau a affez de ftabilité par rapport à fon grand axe AB, il en aura, à plus forte raifon, affez par rapport à fon petit axe CD : & partant, nous ne confidérerons, dans ce Chapitre, que la ftabilité par rapport au grand axe AB, & nous examinerons par quels moyens cette ftabilité pourra être augmentée & portée au degré que la fûreté du vaiffeau exige.

§. 66. Or le moment de la fection d'eau, par rapport à fon grand axe AB, vient d'être trouvé $[AB] = \frac{\alpha\delta}{12}$. AB. CD^3, α défignant la fraction qu'on trouve en divifant l'aire de la fection d'eau ABCD par le rectangle AB. CD; fraction comprife entre les limites 1 & $\frac{1}{3}$. On peut enfuite concevoir le volume fubmergé V, comme le produit de l'aire de la section d'eau qui vient d'être désignée par *a*. AB. CD, multipliée par une certaine partie de la profondeur IE, que nous avons supposée $= \beta$. IE; où l'on doit remarquer que β ainsi que *a* est toujours une fraction renfermée entre 1 & $\frac{1}{2}$, puisque la premiere de ces limites auroit lieu si toutes les sections transversales étoient des rectangles, & la seconde, si elles étoient des triangles terminés par leurs pointes à la quille. Il est vrai qu'en déterminant ces limites, nous n'avons pas tenu compte de l'obliquité de la carene vers la proue & vers la pouppe, ce qui exige sans doute quelque diminution; cependant il ne semble pas que la valeur de β puisse jamais diminuer au-delà de $\frac{1}{2}$. Quoi qu'il en soit, laissant cette lettre β indéterminée, nous aurons le volume $V = a\beta$. AB. CD. IE, d'où nous tirons la valeur du premier membre de la stabilité $\frac{[AB]}{V}$

$= \frac{a}{12\beta} \cdot \frac{CD^2}{IE}$. On voit que la longueur AB est sortie du calcul, mais elle y rentre dans le poids M.

§. 67. A l'égard de l'intervalle OG $=$ OF $+$ FG, nous avons fait voir que la partie OF peut toujours être supposée $= \frac{\beta}{1 + \beta}$. IE. Par conséquent notre expression de la

ftabilité par rapport au grand axe AB pren-
dra cette forme M ($\frac{a}{12\beta} \times \frac{CD^2}{IE} - \frac{b}{1+\beta}$. IE.
— FG). De-là nous tirons d'abord cette
condition abfolument néceffaire, que la
quantité $\frac{a}{12\beta} \cdot \frac{CD^2}{IE}$ doit toujours être plus
grande que la quantité $\frac{b}{1+\beta}$. IE+FG :
car fi elles étoient égales, l'équilibre du
vaiffeau feroit indifférent ; & fi la premiere
étoit plus petite que la feconde, l'équilibre
feroit chancelant, & le vaiffeau feroit ren-
verfé par les fecouffes les plus légeres. Pour
mieux développer la nature de cette condition , multiplions de part & d'autre
par $\frac{12\beta}{a}$. IE , pour obtenir cette forme:
$CD^2 > \frac{12b\beta}{a(\beta+1)}$. $IE^2 + \frac{12b}{a}$ IE. FG ; d'où
l'on voit que le quarré CD^2 de la largeur
doit toujours être plus grand que la valeur
de l'expreffion $\frac{12b\beta}{a(\beta+1)}$. $IE^2 + \frac{12b}{a}$ IE. FG.

§. 68. Pour jetter encore plus de jour
fur cette condition importante pour la ftabilité des vaiffeaux , nous fuppoferons, pour
abréger , $\frac{12b\beta}{a(\beta+1)} = m$ & $\frac{12b}{a} = n$; & la formule qui exprime notre condition , devien-
dra $CD^2 > m$. $IE^2 + n$. IE. FG. Maintenant les deux lettres a & b pouvant varier

depuis 1 jufqu'à $\frac{1}{2}$, & la derniere $\mathfrak{E}$ peut-
être encore au-deffous de $\frac{1}{2}$, on trouvera
dans la Table fuivante, les valeurs des lettres *m* & *n*, en fuppofant fucceffivement à
$\mathfrak{e}$ ces valeurs 1,0; 0,9; 0,8; 0,7; 0,6;
0,5; & à $\mathfrak{E}$ les fuivantes 1,0; 0,9; 0,8;
0,7; 0,6; 0,5; 0,4: & les valeurs de
m & *n*, qui réfultent de chaque combinai-
fon des valeurs de $\mathfrak{e}$ & $\mathfrak{E}$, font exprimées
en fractions décimales.

Valeurs de $\mathfrak{e}$.

$\mathfrak{E}$	1,0	0,9	0,8	0,7	0,6	0,5	
1,0	6,00	6,67	7,50	8,57	10,00	12,00	$= m$
	12,00	13,33	15,00	17,14	20,00	24,00	$= n$
0,9	5,12	5,69	6,43	7,31	8,53	10,24	$= m$
	10,80	12,00	13,50	15,43	18,00	21,60	$= n$
0,8	4,27	4,74	5,34	6,10	7,12	8,54	$= m$
	9,60	10,67	12,00	13,71	16,00	19,20	$= n$
0,7	3,46	3,84	4,33	4,94	5,77	6,92	$= m$
	8,40	9,33	10,50	12,00	14,00	16,80	$= n$
0,6	2,70	3,00	3,38	3,86	4,50	5,40	$= m$
	7,20	8,00	9,00	10,29	12,00	15,40	$= n$
0,5	2,00	2,22	2,50	2,86	3,33	4,00	$= m$
	6,00	6,67	7,50	8,57	10,00	12,00	$= n$
0,4	1,37	1,52	1,71	1,96	2,28	2,74	$= m$
	4,80	5,33	6,00	6,86	8,00	9,60	$= n$

§. 69. Cette Table renferme tous les cas
poffibles; mais les valeurs extrêmes des let-

tres α & β sont exclues de la pratique, & il faut chercher les cas actuels qui ont ordinairement lieu dans la construction des vaisseaux, vers le milieu de cette Table. Comme il ne s'agit ici que d'assigner certaines limites que le quarré de la largeur CD doit surpasser, & cela même assez considérablement, une scrupuleuse précision seroit superflue. Ainsi il suffira de prendre garde à ce qu'on ne fasse pas ces limites trop petites. D'après cette considération, il paroît que le cas où $\alpha = 0, 8$ & $\epsilon = 0, 8$, est très-propre à être appliqué à presque tous les vaisseaux dont on se sert dans la navigation. Dans ce cas on aura $m = 5, 34$, & $n = 12, 00$; de sorte que l'autre limite sera $CD^2 > 5, 34$ IE^2 $+ 12, 00. IE. FG.$ Cependant pour voir comme une petite différence pourroit influer sur la valeur de CD^2, nous y ajouterons encore le cas $\alpha = 0, 7$ & $\epsilon = 0, 7$, qui nous fournit cette limite $CD^2 > 4, 94. IE^2$ $+ 12, 00 IE. FG.$

§. 70. Maintenant tout se réduit au rapport que la hauteur FG a avec la profondeur de la carene IE. Il paroit d'abord que cette hauteur FG ne surpasse jamais la moitié de la profondeur IE; & dans les cas où le centre de gravité G tombe au-dessous.

de la surface de l'eau, sa distance de cette surface sera toujours plus petite que $\frac{1}{3}$ IE. Voyons pour l'un & l'autre cas quels résultats nous obtiendrons en donnant différentes valeurs à FG.

Pour le cas $a = 0, 8$, & $b = 0, 8$.

I°. Si FG $= 0, 5$ IE, on aura
$CD^2 > 11, 34.$ IE², & partant
$CD > 3, 37.$ IE.

II°. Si FG $= 0, 4.$ IE, on aura
$CD^2 > 10, 14.$ IE², & partant
$CD > 3, 19.$ IE.

III°. Si FG $= 0, 3.$ IE, on aura
$CD^2 > 8, 94.$ IE², & partant
$CD > 2, 99.$ IE.

IV°. Si FG $= 0, 2.$ IE, on aura
$CD^2 > 7, 74.$ IE², & partant
$CD > 2, 79.$ IE.

V°. Si FG $= 0, 1.$ IE, on aura
$CD^2 > 6, 54.$ IE², & partant
$CD > 2, 56.$ IE.

VI°. Si FG $= 0, 0.$ IE, on aura
$CD^2 > 5, 34.$ IE², & partant
$CD > 2, 32.$ IE.

VII°. Si FG $= -0, 1.$ IE, on aura
$CD^2 > 4, 14.$ IE², & partant
$CD > 2, 04.$ IE.

VIII°. Si FG = — 0, 2. IE, on aura
$$CD^2 > 2,94. IE^2, \text{ \& partant}$$
$$CD > 1,72. IE.$$

IX°. Si FG = — 0, 3. IE, on aura
$$CD^2 > 1,74. IE^2, \text{ \& partant}$$
$$CD > 1,32. IE.$$

Pour le cas $a = 0,7$ & $c = 0,7$.

I°. Si FG = 0, 5. IE, on aura
$$CD^2 > 10,94. IE^2, \text{ \& partant}$$
$$CD > 3,31. IE.$$

II°. Si FG = 0, 4. IE, on aura
$$CD^2 > 9,74, IE^2, \text{ \& partant}$$
$$CD > 3,13. IE.$$

III°. Si FG = 0, 3. IE, on aura
$$CD^2 > 8,54. IE^2, \text{ \& partant}$$
$$CD > 2,93. IE.$$

IV°. Si FG = 0, 2. IE, on aura
$$CD^2 > 7,34. IE^2, \text{ \& partant}$$
$$CD > 2,71. IE.$$

V°. Si FG = 0, 1. IE, on aura
$$CD^2 > 6,14. IE^2, \text{ \& partant}$$
$$CD > 2,48. IE.$$

VI°. Si FG = 0, 0. IE, on aura
$$CD^2 > 4,94. IE^2, \text{ \& partant}$$
$$CD > 2,23. IE.$$

VII°. Si $FG = -0, 1. IE$, on aura
$$CD^2 > 3, 74. IE^2, \text{ \& partant}$$
$$CD > 1, 94. IE.$$

VIII°. Si $FG = -0, 2. IE$, on aura
$$CD^2 > 2, 54. IE^2, \text{ \& partant}$$
$$CD > 1, 60. IE.$$

IX°. Si $FG = -0, 3. IE$, on aura
$$CD^2 > 1, 34. IE^2, \text{ \& partant}$$
$$CD > 1, 16. IE.$$

§. 71. Cette confidération nous fournit une des regles les plus importantes dans la conftruction des vaiffeaux, pour bien proportionner la largeur de la carene à fa profondeur, la hauteur du centre de gravité G étant connue; & nous voyons que tant que le centre de gravité G fe trouve au-deffus de l'eau, la largeur du vaiffeau CD doit toujours furpaffer le double de la profondeur FE, & cela d'autant plus que le centre de gravité fera plus élevé. Mais comme nous n'avons affigné ici que la limite que la largeur CD doit néceffairement excéder, on demandera fans doute de combien elle doit excéder cette limite. Comme cela dépend de la violence des fecouffes qu'un vaiffeau a à foutenir, il faut confulter l'expérience. Suppofons, par exemple, qu'un vaiffeau puiffe marcher très-

sûrement, la largeur de sa carene CD étant
à sa profondeur IE comme 5 à 2, ou, ce
qui revient au même, CD étant $= 2, 5$. IE,
& que son centre de gravité se soit trouvé précisément à la surface de l'eau, ou
FG $= 0$. Cela posé, puisque notre premier
cas donne CD ≳ 2, 32. IE plus petite que
selon l'expérience de 0, 18, ce qui est à-
peu-près la 13e partie de notre limite, on
trouvera en augmentant chacune de nos limites de sa 13e partie, la juste valeur de la
largeur CD. En faisant le même raisonnement pour les limites de l'autre cas, on
trouvera qu'elles doivent être augmentées
de leur huitieme partie.

§. 72. Quant à ce qui regarde la profondeur de la carene IE, il est bon de savoir que les constructeurs donnant ordinairement aux vaisseaux un peu plus de profondeur vers la pouppe que vers la proue,
notre profondeur IE doit tenir un certain
milieu entre ces deux profondeurs. On al-
legue communément pour raison d'une
telle construction, que les vaisseaux obéis-
sent mieux au gouvernail ; mais la véritable raison est que lorsque le vaisseau cingle étant poussé par l'action du vent, sa
quille devient alors horizontale, la même
action du vent faisant incliner ordinaire-

ment le vaisseau par la proue. Il suit au reste de tout ce que nous venons de dire, qu'outre l'élargissement de la section d'eau, le moyen le plus efficace pour augmenter la stabilité est de porter le centre de gravité G aussi bas qu'il est possible, ou que les circonstances le permettent.

CHAPITRE X.

Sur le mouvement de roulis & de tangage des vaisseaux.

§. 73. LORSQU'UN vaisseau sort de son état d'équilibre en s'inclinant par quelque cause que ce soit, il est repoussé par sa stabilité qui fait effort pour le ramener à son premier état, & cela par un mouvement accéléré ; il arrive de-là qu'étant parvenu à son état d'équilibre, il passe outre & s'incline en sens contraire, jusqu'à ce que son mouvement soit éteint ; de-là il repasse de rechef à son état d'équilibre , & balance ainsi de la même maniere qu'un pendule fait ses oscillations. Ce mouvement sera aussi également régulier, à moins qu'il ne soit troublé par la résistance de l'eau dont nous faisons ici abstraction. Or, puisque ces balancemens d'un vaisseau, autour de quel-

que axe que ce foit que l'inclinaifon ait été
faite, font parfaitement femblables aux ofcillations d'un pendule, on n'en fauroit
mieux connoître la nature qu'en déterminant la longueur d'un pendule fimple, qui
acheveroit fes ofcillations dans le même
tems que le vaiffeau fait fes balancemens.
Un tel pendule eft nommé ifochrone aux
balancemens du vaiffeau.

§. 74. Suppofant qu'on ait trouvé la
longueur d'un tel pendule fimple, que nous
défignerons par l, la méchanique nous fournit la regle fuivante pour déterminer la
durée d'une de fes ofcillations. D'abord il
faut connoître la hauteur de laquelle un
corps tombe librement dans une feconde
de tems. Cette hauteur s'eft trouvée, par
l'expérience, à-peu-près de 16 pieds de
Londres ; nous la défignerons ici par la
lettre g, & enfuite exprimant par la lettre
π la circonférence d'un cercle dont le diametre eft $= 1$, la durée d'une ofcillation exprimée en fecondes fera toujours
$= \pi \sqrt{\frac{l}{2g}}$: ou bien on divifera la longueur
du pendule l par le double de la hauteur g,
& l'on multipliera la racine quarrée de ce
quotient par π, ou par $\frac{22}{7}$, felon la regle
d'Archimede, & l'on aura la durée d'une
ofcillation exprimée en fecondes.

§. 75. Il s'agit donc de trouver pour chaque cas proposé cette longueur *l* du pendule isochrone; question qui demande sans doute les plus profondes recherches. Mais il suffira, pour notre deffein, de rapporter ici simplement le résultat de ce que les principes de méchanique nous apprennent sur ce sujet. Comme nous considérons ici la question en général, dans le cas où le vaisseau a été incliné autour d'un axe quelconque horizontal, passant par son centre de gravité, il faut, avant toutes choses, connoître la stabilité du vaisseau par rapport à cet axe, laquelle est toujours un produit du poids du vaisseau M, par une certaine longueur que nous supposerons $= s$, la stabilité sera donc M s. Il faut encore savoir ce qu'on nomme en méchanique le moment d'inertie du vaisseau par rapport au même axe: ce moment se trouve en multipliant toutes les parties dont le vaisseau est composé, chacune par le quarré de sa distance au même axe, & en rassemblant tous ces produits dans une somme. Nous ferons cette somme $= M. rr$. En effet, elle ne peut être que le produit du poids entier M du vaisseau, multiplié par le quarré d'une certaine ligne, que nous faisons ici $= r$. Or, connoissant ces deux élémens, on trouve la longueur cherchée du pendule ifochrone, en divifant le moment d'inertie M. rr par la ftabilité Ms; de forte qu'on a $l = \frac{rr}{s}$.

§. 76. Après ces déterminations générales, confidérons le cas où un vaiffeau fait fes balancemens autour de fon grand axe dirigé de la proue à la pouppe. C'eft par ce mouvement appellé *roulis*, que le vaiffeau s'incline alternativement vers l'un & l'autre côté; il faut d'abord remarquer que ce mouvement fe peut conferver affez long-tems dans une eau calme, la figure du vaiffeau étant ordinairement affez arrondie autour de cet axe, pour que ce mouvement ne rencontre prefque aucune réfiftance dans l'eau, & les efforts de l'eau qui font dirigés à-peu-près vers ce même axe ne produifant prefque aucun moment capable de le troubler; il fera donc aifé d'obferver le tems pendant lequel ces balancemens s'achevent; & par ce moyen on trouvera, par une feule expérience, la longueur du pendule ifochrone $l = \frac{rr}{s}$; d'où l'on pourra déduire la valeur de l'une des deux quantités r ou s, l'autre étant déjà connue. On voit encore que ce mouvement de roulis fera d'autant plus lent & plus doux, que la longueur l du pendule ifochrone fera plus

grande ; d'où il fuit que puifqu'il ne convient pas de diminuer le dénominateur *s*,
il faut tâcher d'augmenter le numérateur *rr*
autant que les circonftances le permettront.
On obtiendra donc cette augmentation de
la longueur *l*, en éloignant autant qu'il fera
poffible du grand axe horizontal, qui paffe
par le centre de gravité G, felon la longueur du vaiffeau, tous les fardeaux de la
charge.

§. 77. Il en eft à-peu-près de même des
balancemens du vaiffeau autour de fon axe
tranfverfal. On nomme *tangage* le mouvement par lequel le vaiffeau s'incline alternativement vers la proue & la pouppe. Le
dénominateur *s* de la formule $l = \frac{rr}{s}$ eft en
ce cas beaucoup plus grand que dans le
cas précédent, la ftabilité par rapport à
cet axe furpaffant plufieurs fois celle relative à l'axe en longueur ; d'où il paroît fuivre que la valeur de *l* devroit devenir beaucoup plus petite, & par conféquent le mouvement de tangage plus vif. Mais il faut
confidérer que la valeur de la lettre *r* eft
dans ce cas bien plus grande que dans le
précédent, tous les poids qui fe trouvent
vers la proue & vers la pouppe étant fort
éloignés de l'axe tranfverfal ; & cette circonftance

constance pourroit donner à la lettre *l* une valeur aussi grande que dans le cas précédent. Ce mouvement de tangage au reste ne sauroit durer aussi long-tems que celui de roulis, parce que la proue & la pouppe, à cause de leur obliquité, éprouvent une résistance très-considérable en s'abaissant & en s'élevant alternativement; de sorte que ce mouvement ne peut manquer d'être bientôt détruit, bien entendu qu'on suppose toujours l'eau parfaitement calme.

§. 78. Car lorsque la mer se trouve dans une grande agitation, on comprend aisément que les mouvemens de roulis & de tangage en doivent souffrir des altérations très-considérables, les vagues étant seules capables, par leur élévation & abaissement alternatifs, de produire un balancement dans le vaisseau, quand même il n'auroit pas été incliné par quelque autre force. Or, pour déterminer les mouvemens qui seront imprimés alors au vaisseau, la théorie nous abandonne entiérement, parce que nous ignorons encore absolument les loix selon lesquelles une eau agitée pousse les corps qui y nagent, & qu'ainsi la formule trouvée ci-dessus pour la stabilité, ne sauroit plus avoir lieu; il en est de même de celle pour la longueur du pendule isochrone,

E

qui devient entiérement fauſſe. L'expérience ne nous permet pas de douter que
les forces qu'une mer troublée par des vagues exerce ſur le vaiſſeau, ne ſoient tout-
à-fait différentes de celles qu'on obſerve
dans une eau calme. On a même remarqué que lorſqu'un vaiſſeau eſt porté en haut
par les vagues, il s'éleve par un mouvement accéléré, & qu'il retombe par un
mouvement retardé ; ce qui paroît directement oppoſé aux principes reçus ſur l'action des eaux.

§. 79. Quoiqu'on ſoit encore extrêmement éloigné de pouvoir déterminer quelque choſe de certain ſur cette matiere, il
ſera pourtant bon de remarquer que les
vagues ſe ſuccedent communément aſſez
réguliérement par des intervalles de tems
égaux entr'eux ; de ſorte que ſuppoſant le
vaiſſeau frappé en ce moment pour la premiere fois, il recevra le ſecond, le troiſieme, & les coups ſuivans, à des intervalles
de tems égaux entr'eux. Il ſuit de-là que
ſi le vaiſſeau étoit tel qu'il achevât ſes balancemens dans les mêmes intervalles de
tems, le coup ſuivant des vagues le ren-
contreroit toujours dans la même ſituation
que l'a trouvé le précédent, & ſa force ne
pourroit qu'augmenter le mouvemens du

Fig. 1.

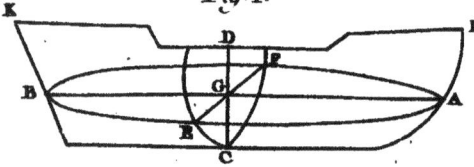

Fig. 2.

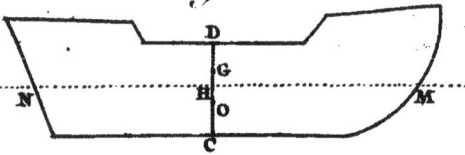

Fig. 3.

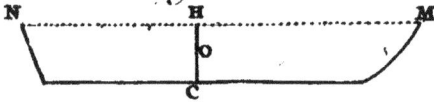

Fig. 4.

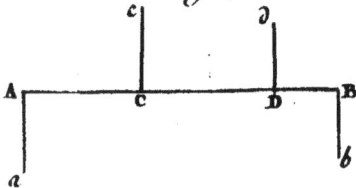

Fig. 5.

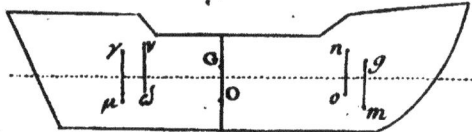

Fig. 6.

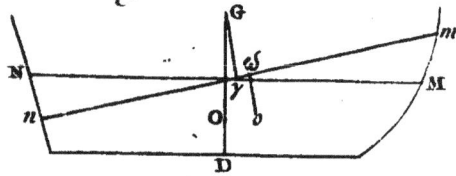

Fig. 7.

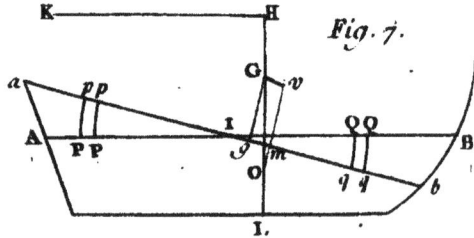

1

Fig. 8.

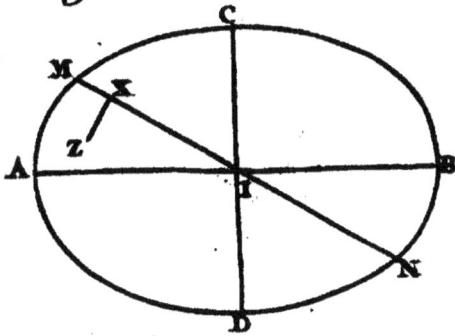

Fig. 10.

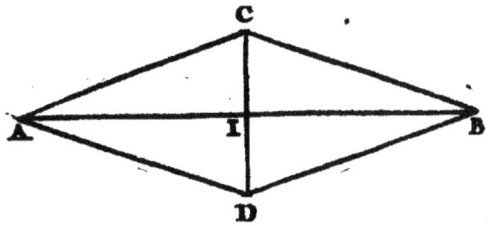

Fig 9

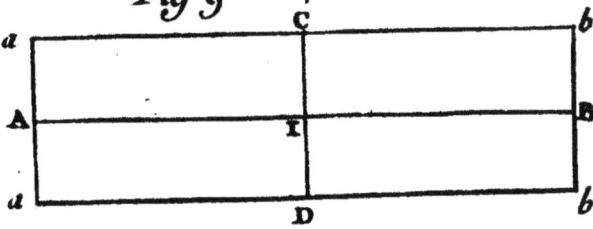

Fig. 11

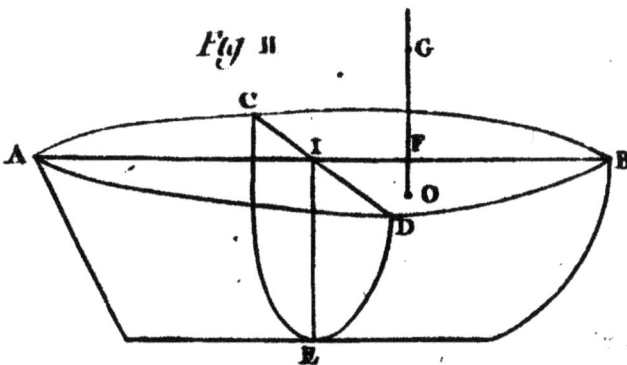

2

vaiſſeau, qui pourroit à la fin devenir dangereux. Mais ſi les intervalles du tems entre les ſucceſſions des vagues & les balancemens du vaiſſeau étoient tellement pro-
portionnés entr'eux, que le coup ſuivant
détruiſît l'effet des précédens, le vaiſſeau
pourroit en ſouffrir des ſecouſſes extrêmement rudes, ſur-tout dans le tangage, lorſque, la proue & la pouppe ayant reçu des
mouvemens fort vifs, des chocs nouveaux
s'oppoſeroient ſubitement à ces mouvemens. Il en pourroit réſulter un tel ébran-
lement dans toutes les parties du vaiſſeau,
qu'il riſqueroit de perdre ſa mâture.

SECONDE PARTIE,

Où l'on traite de la réfiftance que les Vaiffeaux rencontrent dans leurs mouvemens progreffifs, & de l'action du Gouvernail.

CHAPITRE PREMIER.

Sur la réfiftance d'une furface plane étant mue dans l'eau.

§. 1. TANT qu'un corps plongé dans l'eau fe trouve en repos, il foutient par toute fa furface des preffions qu'on décompofe en horizontales & verticales. Les horizontales fe détruifent mutuellement, & les verticales fe réduifent à une force égale au poids d'un volume d'eau égal à celui du corps plongé, par laquelle il eft pouffé verticalement en haut, comme nous l'avons démontré ci-deffus. Mais lorfque le corps eft en mouvement, il fouffre, outre ces preffions, une force qui s'oppofe à fon mouvement, qu'on nomme la réfiftance de l'eau, & que nous nous proposons de déterminer ici. Il faut d'abord remarquer que cette force de résistance dépend principalement de la figure du corps, pendant que les pressions dont nous venons de parler, en sont absolument indépendantes. D'après cette considération, nous commencerons nos recherches par des surfaces planes que nous supposerons se mouvoir dans l'eau avec une certaine vitesse, tant directement qu'obliquement. Une surface est dite se mouvoir directement dans l'eau, lorsque la direction de son mouvement est perpendiculaire à cette même surface; & obliquement, si cette direction lui est oblique.

§. 2. Considérons donc une surface plane *Fig. 1.* quelconque, qui se meut dans l'eau selon la direction EF, perpendiculaire à ladite surface, avec une vitesse que nous nommerons $= c$, c désignant l'espace que cette vitesse feroit parcourir à un corps dans une seconde de tems. Cette maniere de représenter les vitesses est la plus propre à en donner une idée juste. Cela posé, puisque cette surface ne sauroit continuer son mouvement sans pousser l'eau qu'elle rencontre, il y aura un choc d'où résultera nécessairement une certaine force par laquelle

E iij

la furface fera pouffée en arriere, & cette
force, comme on le voit, fera perpendiculaire à la furface, & partant, directement
contraire à fon mouvement; ou, ce qui revient au même, cette furface fe trouvera
dans le même état que fi, étant pofée horizontalement, elle avoit à foutenir une
certaine colonne d'eau; de forte que connoiffant la hauteur de cette colonne, nous
aurions une connoiffance exacte de la réfiftance que cette furface rencontre actuellement dans l'eau. Il ne s'agit donc que
de trouver la hauteur de cette colonne, &
nous aurons la mefure de la réfiftance que
nous cherchons : car multipliant cette hauteur par la furface même, nous aurons la
folidité d'une maffe d'eau, dont le poids
fera précifément égal à la force de la réfiftance.

§. 3. Or le raifonnement fuivant nous
conduira à la connoiffance de cette hauteur : d'abord il eft très - clair que notre
furface ABCD en fe mouvant dans l'eau
avec la vîteffe $= c$, foutiendra le même
effort de la part de l'eau, que fi elle étoit
en repos, & que l'eau vînt la frapper perpendiculairement avec la même vîteffe. Or,
dans ce dernier cas, fi la furface étoit percée quelque part d'un petit trou, l'eau

échapperoit par ce trou , & continueroit de se mouvoir avec la viteſſe $= c$. Suppoſons à préſent à la colonne d'eau du §. précédent, une hauteur telle que l'eau échappe avec la même viteſſe par un trou fait à la baſe, il paroît clair que notre ſurface eſt preſſée dans ce dernier cas avec la même force qu'elle l'eſt dans le premier. Donc faiſant cette hauteur $= h$, & l'aire de la baſe ou de notre ſurface $= ff$, la ſolidité de la colonne ſera ffh, & le poids d'un égal volume d'eau nous fournira la véritable valeur de la réſiſtance qui agira perpendiculairement ſur la ſurface , & dans une direction contraire à celle de ſon mouvement.

§. 4. Or on ſait , tant par la théorie que par l'expérience, que l'eau contenue dans un vaſe à la hauteur $= h$, s'échappe par un trou fait à la baſe avec la même viteſſe qu'un corps tombant de cette même hauteur h pourroit acquérir. On ſait encore que ſi la lettre g déſigne la hauteur dont un corps tombe dans une ſeconde, la viteſſe acquiſe en tombant de la hauteur h, fera parcourir dans une ſeconde un eſpace $= 2\sqrt{gh}$. Or cette viteſſe eſt ſuppoſée $= c$. On aura donc $2\sqrt{gh} = c$; & en prenant les quarrés $4gh = cc$, d'où on tirera

la hauteur cherchée $h = \frac{cc}{4\beta}$: par conséquent la force de la résistance que la surface
plane proposée ABCD $= ff$, éprouve en
se mouvant directement dans l'eau avec la
vitesse $= c$, sera $= \frac{ccff}{4\beta}$, & la surface sera
repoussée par cette force dans une direction
contraire à celle de son mouvement. De-
là on voit que cette résistance est déterminée & est toujours proportionnelle au
quarré de la vitesse, & à l'aire de la surface.

§. 5. Considérons à présent de la même
Fig. 2. maniere le cas où la surface ABCD se
meut dans l'eau avec la même vitesse $= c$,
mais selon une direction oblique à son plan,
& qui y soit inclinée d'un angle quelconque $= \varphi$. Représentons ce cas dans la deu-
xieme figure, où AB soit la surface plane
proposée, EF la direction de son mouvement avec la vitesse $= c$, & l'angle AEF
$= \varphi$, il est certain que ce plan soutien-
droit le même effort s'il étoit en repos,
& qu'il fût choqué par l'eau en mouvement, selon la direction FE, avec la même
vitesse. Cette force pourra donc encore
être comparée avec le poids d'une certaine
colonne d'eau soutenue par la même base;
& comme cette force n'est proprement
qu'une pression, il s'ensuit qu'elle agit per-

pendiculairement sur la surface AB selon la direction EG, qui ne sera plus, par conséquent, directement contraire à la direction du mouvement EF. Ayant trouvé cette pression EG, que nous supposerons ⟹ P, on la décomposera selon la direction EH, la même que EF, & selon la direction GH, qui lui étant perpendiculaire ne s'oppose point au mouvement. La résistance directement contraire au mouvement sera donc ⟹ P sin. φ, l'angle EGH étant évidemment égal à l'angle AEF ⟹ φ, & EH représentant le sinus de cet angle, le sinus total étant ⟹ EG. Pour trouver cette pres- *Fig. 3.* sion, appliquons le même principe dont nous venons de nous servir dans le cas précédent, & considérons un courant d'eau qui vient choquer sur notre surface AB en repos suivant la direction FE avec la vitesse ⟹ c. Il est clair que si notre surface étoit percée d'un trou en E, l'eau y passeroit librement, selon la direction EH, sans changer ni de direction, ni de vitesse. Décomposons cette vitesse selon la direction EI perpendiculaire, & selon la direction IH parallele à la surface, & comme cette derniere vitesse n'influe pas sur le mouvement, la premiere selon EI doit être regardée seule comme la cause du choc que notre surface éprouve. Or, à cause de l'angle

EHI $=$ AEF $= \varphi$, cette vîtesse selon EI est $= c$ sin. φ. Il s'agit donc de chercher quelle devroit être la hauteur d'une colonne d'eau soutenue par la même base, pour que l'eau sortît par un trou fait à la base, avec une vîtesse $= c$ sin. φ. Mais nous venons de voir que nommant cette hauteur, h, on auroit $2 \sqrt{hg} = c$ sin. φ, d'où l'on tire $h = \frac{cc \, \text{sin.} \, \varphi^2}{4g}$. Multipliant par l'aire ff de notre surface cette valeur de h, le produit exprimera la force de la résistance perpendiculaire à la surface selon FG : c'est la résistance totale que nous avons fait ci-dessus $=$ P. Partant, la résistance directement contraire au mouvement, sera P sin. $\varphi = \frac{cc \, ff \, \text{sin.} \, \varphi^3}{4g}$.

§. 6. Un raisonnement assez simple & lumineux nous a conduit, comme on le voit, à des formules qui nous font connoître dans tous les cas, où une surface plane AB $= ff$ se meut dans l'eau avec une vîtesse $= c$, sous une obliquité AEF $= \varphi$, tant la résistance totale $= \frac{cc \, ff \, \text{sin.} \, \varphi^2}{4g}$, que celle qui est directement contraire au mouvement $= \frac{cc \, ff \, \text{sin.} \, \varphi^3}{4g}$. On voit, par la première, que la résistance totale est en raison composée, 1°. de l'aire ff de la surface ;

Fig. 2.

2°. du quarré de la vîteſſe cc; & 3°. du quarré du ſinus de l'obliquité ou de l'angle AEF $= \varphi$. On voit de même, par la ſeconde, que la réſiſtance contraire au mouvement ſuit la raiſon compoſée, 1°. de l'aire ff; 2°. du quarré de la vîteſſe cc; 3°. du cube du ſinus de l'obliquité. C'eſt ſur ces deux principes, reconnus depuis long-tems par les Géometres, qu'on a fondé toute la théorie de la réſiſtance que les corps ſolides ont à vaincre en ſe mouvant dans un fluide quelconque. On a auſſi donné juſqu'ici différentes démonſtrations de ces principes; mais celle que nous venons de fournir ici, paroît la plus claire & la plus ſolide.

§. 7. Pour mieux éclaircir cet article, comparons entr'eux les deux cas ſuivans: Fig. 4. 1°. ſoit AB une ſurface plane $= ff$, qui ſe meuve directement dans l'eau ſelon la direction Aa avec une vîteſſe $= c$; & 2°. qu'une autre ſurface AC ſe meuve ſelon la même direction avec la même vîteſſe $= c$, mais obliquement, l'angle de l'obliquité étant aAC $= \varphi$; ſuppoſant encore que l'aire de la ſurface AC eſt à l'aire de la premiere AB, comme l'hypothénuſe AC eſt au cathete AB, il eſt clair que la ſurface AC ſera $= \frac{ff}{\mathit{ſin.}\, \varphi}$. Ayant enfin mené la ligne B*b* parallele à A*a*, on voit que ces deux furfaces auront à lutter contre la même colonne d'eau. Cela pofé, puifque la réfiftance de la furface AB ayant été trouvée $= \frac{ccff}{4g}$, & la réfiftance de la furface AC, en tant qu'elle eft contraire au mouvement, étant $= \frac{ccff \, \textit{fin.} \, \varphi^3}{4g}$, en mettant dans notre derniere formule $\frac{ff}{\textit{fin.} \, \varphi}$, au lieu de *ff*, ces deux réfiftances feront entr'elles comme l'unité eft au quarré du finus de l'obliquité. Il fuit de-là que fi l'angle BAC étoit $= 45°$, à caufe de $\varphi = 45°$, & fin. $\varphi^2 = \frac{1}{2}$, la réfiftance de l'hypothénufe AC feroit précifément la moitié de celle de la furface AB; & fi l'on faifoit l'angle BAC $= 60°$, φ étant en ce cas $= 30°$, & fin. $\varphi = \frac{1}{2}$, la réfiftance de AC deviendroit quatre fois plus petite que celle de AB. En général, plus on augmente l'angle BAC, plus la réfiftance de la furface AC deviendra petite, & s'évanouira enfin prefqu'entiérement. Car prenant l'angle BAC $= 80°$, de forte que $\varphi = 10°$, la réfiftance de AC fera 33 fois plus petite que celle de AB, & prenant cet angle BAC $= 85°$, ou, ce qui revient au même, $\varphi = 5°$, la réfiftance fera réduite à la 131me partie. De-là on voit comment la réſiſtance des vaiſſeaux peut être diminuée très-conſidérablement en alongeant & rétreciſſant la proue.

§. 8. Dans cette comparaiſon nous n'avons conſidéré que la réſiſtance qui eſt directement contraire au mouvement ; ce qui eſt ſans doute ſuffiſant pour déterminer la force de la réſiſtance que les vaiſſeaux éprouvent dans leurs mouvemens progreſſifs ; & on voit déjà de quelle maniere on doit s'y prendre pour trouver cette réſiſtance, quelle que ſoit la figure du vaiſſeau. Car il ne faut que partager la ſurface de la carene en pluſieurs quadrilateres très-petits, qu'on pourra regarder comme des ſurfaces planes, & chercher l'obliquité de chacun à l'égard de la direction du mouvement. Il eſt encore néceſſaire de déterminer, dans tous ces cas, la force que la réſiſtance exerce pour incliner le vaiſſeau : on ſe ſervira pour cela de notre formule principale $\frac{ccff\, fm.\varphi^2}{4f}$, qui exprime la réſiſtance totale, & l'on en déduira par la réſolution des forces, celles qui ſont capables de produire quelque inclinaiſon. Il faut enfin ſe ſouvenir que la lettre g exprime une longueur de 16 pieds de Londres à-peu-près ; ce qui ſuffit pour ces ſortes de recherches.

CHAPITRE II.

Sur la résiflance des vaiffeaux dans leurs routes directes.

§. 9. LORSQU'UN vaiffeau fe meut dans l'eau, de façon que la direction de fon mouvement eft parallele à fa quille ou plutôt au grand axe de fa carene, fa route eft nommée *directe*, pour la diftinguer de toute autre route dont la direction feroit inclinée à celle de la quille. Nous commencerons par la route directe, & pour chercher la réfiftance que le vaiffeau faifant cette route éprouvera, nous confidérerons la figure

Fig. 5. ABCD comme repréfentant fa fection diamétrale de la carene; de forte que la droite AB repréfente en même tems le grand axe de la fection, & la direction du mouvement. Nous fuppoferons toujours la vîteffe = *c*, défignant par cette lettre l'efpace parcouru par cette vîteffe dans une feconde. Cela pofé, foit A la proue, B la pouppe, CD la quille, & G le centre de gravité du vaiffeau entier, par lequel faifant paffer la verticale GE, elle coupera la fection d'eau AB en F, & la quille en E.

§. 10. Suppofons d'abord que le vaiffeau choque l'eau par fa plus grande fection tranſverſale avec la vîteſſe $= c$, la direction du mouvement étant perpendiculaire à cette ſection. Dans cette ſuppoſition le vaiſſeau auroit une figure priſmatique, & toutes ces ſections tranſverſales ſeroient égales entr'elles. La proue en A ſeroit donc terminée par un plan vertical Aa, perpendiculaire à l'axe AB, & égal à la ſection tranſverſale FE, que nous conſidérerons toujours comme la plus grande. Suppoſant encore l'aire de cette ſurface A$a = ff$, comme elle choque l'eau directement, la réſiſtance ſera $= \frac{ccff}{4\beta}$, & directement contraire à la direction du mouvement.

§. 11. Il eſt encore évident que la direction moyenne de cette réſiſtance paſſera par le centre de gravité de la ſurface plane Aa. Suppoſant donc ce centre en c, la ligne horizontale cd parallele à AB, ſera la direction de la force de la réſiſtance totale que le vaiſſeau éprouve en ſa route directe. Il ſuit de-là, 1°. que le mouvement du vaiſſeau ſera retardé par la force $= \frac{cc.ff}{4\beta}$; 2°. que la direction cd ne paſſant point par le centre de gravité G, cette même force produira un moment pour incliner le vaiſſeau autour de ſon axe tranſverſal, paſſant par le point G perpendiculairement au plan diamétral repréſenté dans la figure: ce moment ſera donc $= \frac{cc.ff}{4\mathfrak{F}}.Gd$, & l'effet de ce moment ſera d'incliner le vaiſſeau vers la proue A, qui ſe plongera par conſéquent davantage dans l'eau. De plus connoiſſant la ſtabilité du vaiſſeau par rapport au même axe qu'on peut ſuppoſer $= Ms$, on pourra aſſigner l'angle $= i$ de l'inclinaiſon. Pour cet effet, il faut conſidérer que puiſque M déſigne le poids du vaiſſeau, & que le moment de force eſt exprimé par un volume d'eau, il faut réduire auſſi ce moment à un poids abſolu. Faiſant donc le volume entier de la carene $= V$, comme ci-deſſus, le moment de force deviendra $= \frac{M}{V}.\frac{cc.ff}{4\mathfrak{F}}.Gd$, lequel étant diviſé par la ſtabilité Ms, donnera le ſinus de l'inclinaiſon fin. $i = \frac{cc.ff}{4\mathfrak{F}V}.\frac{Gd}{s}$.

§. 12. Cette réſiſtance que ſouffriroit la plus grande ſection tranſverſale, ſi elle ſe mouvoit directement dans l'eau avec la même viteſſe que le vaiſſeau, eſt regardée comme un terme de comparaiſon auquel il faut rapporter la réſiſtance qu'une figure quelconque de la proue auroit à ſoutenir en déterminant combien de fois la réſiſtance actuelle eſt plus petite que celle de la

la fection tranfverfale. Or on voit déjà, par
ce que nous avons dit, que la réfiftance
actuelle peut devenir plufieurs fois plus petite que celle qu'éprouveroit la fection tranfverfale : car nous avons démontré que plus
la proue eft frappée obliquement par l'eau,
plus la réfiftance devient petite. D'où il
fuit que plus la proue d'un vaiffeau eft alon-
gée, & rétrecie fucceffivement vers l'a-
vant, plus fa réfiftance fera diminuée. Mais
comme le rétreciffement fe fait ordinairement, non-feulement des côtés vers le milieu, mais encore de bas en haut, on voit
qu'il en réfultera une force par laquelle le
vaiffeau fera pouffé verticalement en haut,
outre celle qui s'oppofe directement à fon
mouvement. C'eft donc fur ces deux forces
enfemble, que nous devons fixer notre attention, fi nous voulons nous former une
idée jufte de l'effet entier que la réfiftance
eft capable de produire.

§. 13. Mais comme la recherche de ces
forces exige des calculs extrêmement dif-
ficiles, lors même que les figures des vaiffeaux font affez fimples, & que l'on ne peut
guere obtenir que des approximations,
avant d'entrer dans aucun détail, il fera bon
de confidérer la chofe en général. Soit donc
ABCD la fection diamétrale du vaiffeau,   Fig. 6.

F

ou plûtôt de la carene, comme ci-deſſus,
& que la ligne AC repréſente la montée
de la proue depuis la quille C juſqu'à l'extrêmité A à la ſurface de l'eau; ou bien
que cette ligne AC repréſente l'étrave, &
que la viteſſe avec laquelle le vaiſſeau court
dans la direction BA ſoit $= c$. Il eſt d'a-
bord évident que tous les efforts de la réſiſtance peuvent être réduits, 1°. à une
force horizontale dans la direction $c\,$P, &
partant, directement contraire à celle du
mouvement: nous déſignerons cette force
par la lettre P; 2°. à une force verticale
dont la direction eſt dQ, & que nous déſignerons par la lettre Q. Il eſt bon de remarquer encore le point d'interſection R,
par lequel paſſera la direction de la force
RS équivalente aux deux forces précédentes; ce point pourroit être appellé le centre de la réſiſtance. L'on pourroit dire que
tous les efforts de la réſiſtance ſe réduiſent à
la ſeule force ſelon RS, dont la quantité
ſera, comme on ſait, $= \sqrt{(P^2 + Q^2)}$,
ſon inclinaiſon à l'horizon ou l'angle PRS
ayant pour ſa tangente la fraction $\frac{Q}{P}$. On
voit de-là qu'il ſuffit de conſidérer les deux
forces P & Q, qui ſont l'une & l'autre
toujours proportionnelles au quarré de la
viteſſe du vaiſſeau.

§. 14. Voyons à préfent quel effet chacune de ces deux forces produira fur le vaiſſeau. La premiere ou l'horizontale P produit, comme dans le cas précédent, un double effet ; par l'un elle s'oppoſe directement au mouvement, comme ſi elle étoit appliquée dans le centre de gravité G, & qu'elle poufsât le vaiſſeau en arriere ; l'autre effet réfulte du moment de cette force par rapport à l'axe tranfverfal du vaiſſeau : ce moment $=$ P. GP tend à faire incliner le vaiſſeau vers la proue A. L'autre force $=$ Q, qui eſt verticale, produit également un double effet : l'un de ces effets eſt de pouſſer le vaiſſeau directement en haut, comme ſi elle étoit appliquée au centre de gravité G, de forte que le poids du vaiſſeau en fera diminué du poids Q ; l'autre effet de cette force eſt de fournir un moment par rapport au même axe tranfverfal $=$ Q. FQ ; la direction de ce moment étant oppoſée à celle du premier moment P. GP, il tend à donner au vaiſſeau une inclinaifon contraire, & par conféquent à élever la proue ; enforte que ſi ce moment furpaſſe le premier, le vaiſſeau s'inclinera vers la pouppe par un moment de force $=$ Q. FQ. $-$ P. GP, lequel étant diviſé par la ſtabilité du vaiſſeau relative au même

F ij

axe tranſverſal, donnera le ſinus de l'inclinaiſon qui en réſultera.

§. 15. Il ſuit de ce qui vient d'être dit,
que pour conſerver le vaiſſeau dans le mouvement que nous lui ſuppoſons avec la viteſſe $= c$, il faut d'abord qu'il ſoit pouſſé
directement en avant par une rorce égale
à la force P réſultante de la réſiſtance qui
le pouſſe en arriere ; & de plus, comme le
poids du vaiſſeau M eſt diminué par la réſiſtance, d'un poids $= Q$, il faut le charger d'un nouveau poids Q, placé dans le
centre même de gravité G, afin que le lieu
de ce point ne change pas. Enfin pour empêcher que le vaiſſeau ne prenne aucune
inclinaiſon, on appliquera la premiere force
ſuppoſée $= P$ au-deſſus du centre de gravité G, comme en H, enſorte que ſon moment P. GH devienne préciſément égal au
moment Q. FQ — P. GP, qui tend à incliner le vaiſſeau en arriere. On aura donc
P. GH $=$ Q. FQ — P. GP, d'où l'on tire
GH $= \frac{Q}{P}$. FQ — GP, & PH $= \frac{Q}{P}$. FQ.
Suppoſant donc que HK repréſente cette
force $=$ P, appliquée au vaiſſeau, il eſt évident que le point H ſe trouvera préciſément dans l'interſection de l'axe vertical
EG avec la véritable direction de la réſiſtance RS.

§. 16. Il n'eſt pas néceſſaire, dans la pratique, de charger le vaiſſeau d'un nouveau poids Q ; ce ſeroit ſe priver mal-à-propos de l'avantage de diminuer le poids du vaiſſeau : & comme, dans ce cas, le vaiſſeau ſeroit un peu moins calé, le creux de la carene deviendroit plus petit ; circonſtance très-favorable, en ce que la réſiſtance s'en trouveroit un peu diminuée, & qu'une moindre force ſuffiroit par conſéquent pour conſerver le vaiſſeau dans ſon mouvement.

***

CHAPITRE III.

Sur la maniere d'eſtimer la réſiſtance d'une proue donnée.

§. 17. Sı la figure de la proue eſt telle que tous les élémens de la ſurface ſoient également inclinés à la direction du mouvement, il eſt aiſé de déterminer la réſiſtance contraire au mouvement : car pour la partie de la réſiſtance dont l'effet eſt de pouſſer le vaiſſeau vers le haut, on peut ſe paſſer de chercher à la déterminer, comme nous venons de le voir. Suppoſant donc l'aire de la ſection tranſverſale, ou de la coupe la plus large de la carene $= ff$, la vîteffe du vaiffeau dans la direction de fon grand axe BA $=$ c, & l'angle dont la fur-face entiere de la proue eft inclinée à la direction du mouvement $=$ φ, la réfiftance qui s'oppofe au mouvement, eft, comme on l'a vu, égale au poids d'une maffe d'eau dont le volume feroit $= \frac{cc\, ff\, fin.\, \varphi^2}{4f}$. Or fi la coupe la plus large couroit dans l'eau directement & avec la même viteffe, fa ré-fiftance feroit $= \frac{cc.\, ff}{4f}$; la réfiftance de la proue eft donc autant de fois plus petite que le quarré du finus de l'angle φ eft plus petit que l'unité. Il fuit de - là qu'il feroit poffible de diminuer la réfiftance autant de fois qu'on voudroit, s'il n'y avoit d'autres circonftances également effentielles au vaif-feau, qui y mettent des bornes.

§. 18. Or une telle égalité d'inclinaifon par toute la furface de la proue, peut avoir lieu dans une infinité de cas. Nous en met-trons ici quelques-uns fous les yeux. Si la coupe la plus large étoit un parallélogram-me rectangle comme MN*mn*, & que la proue eût la figure d'un coin terminé par la ligne verticale A*a*, de forte que toutes les fections horizontales fuffent des trian-gles AMN & *amn* tous égaux entr'eux, les deux faces A*a*M*m* & A*a*N*n* foutien-

fig. 7.

droient en ce cas tous les efforts de l'eau
sous le même angle FAM $=$ FAN $=\varphi$,
dont le sinus étant $= \frac{FM}{AM}$, la résistance de
cette figure sera à celle de la base MN mn
comme FM^2 à AM^2: ou bien exprimant
la résistance de la base par la lettre R, celle
de notre proue, sera $= R.\frac{FM^2}{AM^2}$.

§. 19. Il en seroit de même si la coupe
la plus large étant comme auparavant un
parallélogramme rectangle, la proue mon-
toit de E jusqu'en A par un plan incliné
EA, de sorte que toutes les sections paralleles à la diamétrale, suivant la longueur,
fussent des triangles rectangles égaux à
AFE. Car, dans ce cas, l'angle d'obliquité *Fig.* **8**
seroit FAE, & son sinus $= \frac{EF}{AE}$, d'où résulteroit la résistance $= R.\frac{EF^2}{AE^2}$, où R exprime la résistance de la plus grande
coupe FE. Cette même résistance auroit
encore lieu, si la plus grande coupe étoit
un demi-cercle décrit du rayon EF, & la
proue la moitié du cône décrit sur cette
base, son sommet étant en A. Enfin on
voit que cette résistance conviendroit à une
pyramide quelconque, qui auroit pour base
un polygone circonscrit autour de celle du

cône dont nous venons de parler; mais
comme toutes ces figures ne conviennent
pas à la pratique, il est inutile de s'en occuper; il vaut mieux chercher les moyens
de déterminer la résistance d'une proue
donnée quelconque.

Fig. 9. §. 20. Pour cet effet, soit CDE la moitié de la plus grande section ou coupe transversale, & supposons qu'on fasse dans le
vaisseau, depuis cette coupe jusqu'à l'extrémité de la proue, plusieurs sections paralleles à des distances données entr'elles,
qu'on rapporte leurs figures par projection
sur la plus grande, dont une quelconque
soit représentée par MPQN, & celle qui
la suit vers l'avant par $mpqn$, suivant la
méthode pratiquée par les Constructeurs
dans les plans qu'ils font des vaisseaux. Il
suffira, pour l'objet que nous nous proposons, de considérer ces figures depuis la
quille E jusqu'à la surface de l'eau CD.
Qu'on tire ensuite plusieurs lignes transversales, comme RPpr & SQqs, qui coupent les premieres lignes à-peu-près à angles droits, de sorte que l'aire de la premiere demi-section CDE se trouve parta-
gée par ces deux ordres de lignes en plusieurs petits trapezes & triangles presque
rectangles, comme, par exemple, le tra-

peze $PpQq$, qu'on doit prendre ſi petit, que la portion de la ſurface de la proue, qui répond à chacune de ces figures, puiſſe être regardée comme un plan dont il s'agit de trouver l'inclinaiſon à la direction du mouvement. Cette inclinaiſon étant trouvée, on n'a qu'à multiplier la petite aire $FQ\rho q$ par le quarré du ſinus de cette inclinaiſon, & prendre la ſomme de tous ces produits, pour avoir la valeur de la formule ff ſin. φ^2, dont le double étant multiplié par $\frac{cc}{4g}$, donnera la réſiſtance de cette proue, contraire au mouvement.

§. 21. Pour faire ces opérations, conſidérons une des ſuſdites caſes quelconques $PQpq$, décrites ſur le plan de la ſection MN; & ſuppoſant l'intervalle entre cette ſection & la ſuivante $mn = k$, élevons ſur ce plan les perpendiculaires $P\pi$ & $Q\rho = k$, les points π & ρ ſe trouveront dans la ſurface de la proue, auſſi-bien que les points P & Q; & la figure quadrilatérale $P\pi\rho Q$ repréſentera une portion de la ſurface de la proue, correſpondante à la petite aire $PpQq$ dans la figure précédente. Mais les perpendiculaires $P\pi$ & $Q\rho$ étant parallèles au grand axe de la carene, & par conſéquent à la direction du mouvement, tout

ſe réduit à déterminer l'angle dont ces lignes ſont inclinées à la ſurface $PpqQ$. Or
il eſt clair que ſi les angles Ppq & Qqp
étoient droits, les angles $P\pi p$ & $Q\rho q$ me-
ſureroient exactement cette inclinaiſon :
donc, puiſque nous ſuppoſons ces angles à-
peu-près droits, l'aberration ne ſera pas
ſenſible. Cependant, comme il faut multiplier par le quarré du ſinus de l'inclinaiſon,
ſi les deux angles $P\pi p$ & $Q\rho q$ ne ſont pas
exactement égaux, on multipliera par le
produit des ſinus de ces deux angles, leſ-
quels ſont $\frac{P\rho}{P\pi}$ & $\frac{Qq}{Q\rho}$. Nous aurons donc pour
la caſe $PQpq$, ce produit $\frac{PQ\rho q.P\rho.Qq.}{P\pi.Q\rho}$.
Ayant trouvé de cette maniere tous les au-
tres produits ſemblables, on procédera,
comme nous venons de l'enſeigner dans
l'article précédent.

§. 22. Si l'on vouloit mettre plus d'exactitude dans ce calcul, comme il eſt poſſible que les quatre points P, Q, π, ρ ne
ſoient pas dans le même plan, on pour-
roit mener une diagonale $P\rho$ ou $Q\pi$, pour
avoir deux triangles dont chacun feroit un
plan, & dont on détermineroit aiſément
les inclinaiſons. Mais comme, en ſuivant
ce procédé, il ſeroit preſque impoſſible de

décider à laquelle des deux diagonales Pρ & Qπ il faudroit donner la préférence, on ne sauroit guere se flatter d'approcher plus de la vérité, qu'en se servant de notre regle. D'ailleurs toutes ces précautions n'aboutiroient qu'à des minuties auxquelles on ne sauroit faire attention dans la pratique ; & on doit être très-content d'avoir trouvé, par exemple, qu'une proue proposée souffrira une résistance dix fois plus petite que sa section la plus large, quand même ce rapport seroit en effet comme $1 : 9\frac{1}{2}$, ou comme $1 : 10\frac{1}{2}$.

§. 23. Mais ce qui doit nous déterminer à abandonner cette recherche épineuse, c'est qu'on ne peut se dissimuler que la théorie de la résistance que nous avons exposée ici, est encore très - défectueuse, & qu'on ne sauroit compter qu'en gros sur les résultats qu'on en tire. Pour le premier défaut, nous l'avons déjà remarqué ci-dessus, en rapportant que les simples pressions qu'une carene soutient en se mouvant dans l'eau, se détruisent mutuellement, comme il arrive effectivement dans l'état de repos ; mais on s'assurera aisément que cela ne peut plus avoir lieu lorsque le vaisseau est en mouvement, si l'on considere que l'eau de l'arriere du vaisseau devant le suivre & l'atteindre avant de pouvoir exercer sa presfion, la preffion de l'eau fur la pouppe d'un vaiffeau, lorfqu'il eft en mouvement, n'eft pas fi forte que lorfqu'il eft en repos, pendant que la preffion fur la proue doit être à-peu-près la même dans l'un & l'autre cas. D'où il fuit évidemment que puifque la preffion fur la proue n'eft plus contrebalancée par celle fur la pouppe, l'effet de la réfiftance en doit acquérir quelque accroiffement, lequel fera d'autant plus confidérable, que le mouvement du vaiffeau eft plus rapide. On fentira encore, pour peu qu'on y réfléchiffe, que cet accroiffement dépend auffi principalement de la figure de la pouppe, qu'on a entiérement négligée dans la recherche de la réfiftance.

§. 24. Cette circonftance feule fait affez voir que, malgré toutes les peines qu'on pourroit fe donner pour déterminer par cette méthode la réfiftance d'un vaiffeau, on ne pourroit guere fe flatter de parvenir à un réfultat exact. Il vaut mieux, laiffant là tous ces calculs auffi pénibles qu'ennuyeux, chercher une formule affez fimple dont on puiffe fe fervir pour déterminer à-peu-près dans chaque cas la réfiftance d'un vaiffeau. Pour cet effet, fuppofant la réfiftance de la fection la plus large de la carene $=$ R, comme ci-deffus, on fera la demi-longueur de la carene, ou la

distance de AF de l'extrêmité de la proue à
cette section $= a$, & sa demi-largeur
FM $= b$, à laquelle est à-peu-près égale la *Fig. 7.*
profondeur. Maintenant si la proue étoit un
parallélepipede, la résistance seroit $= R$;
mais si elle étoit un cône ou pyramide terminée en A, la résistance seroit, comme on
a vu ci-dessus, $R.\frac{FM^2}{AM^2} = \frac{bb}{aa+bb}.R$. Or il
est clair que toutes les figures des carenes,
qui sont en usage, tiennent un certain milieu entre ces deux extrêmes; de sorte que
supposant la résistance actuelle d'une telle
proue $= n.R$, la lettre n marquera une fraction moyenne entre l'unité 1, & la fraction
$\frac{bb}{aa+bb}$. C'est donc ce milieu qu'il est question d'assigner. Il paroît, d'après quelques
expériences faites sur des vaisseaux de ligne,
qu'on approchera assez près de la vérité, en
prenant pour n le milieu harmonique entre
1 & $\frac{bb}{aa+bb}$, lequel est $= \frac{2bb}{aa+2bb}$, &
l'on pourra se servir presque toujours de
cette formule, à moins que la figure de la
proue ne s'écarte très-sensiblement de la
figure ordinaire des proues des vaisseaux de
ligne. Dans ce cas même, il ne sera pas difficile d'estimer de laquelle de nos deux limites la valeur de la résistance est la plus
voisine.

§. 25. Prenant cette formule $\frac{2bb}{aa+2bb}$. R, pour exprimer la résistance des vaisseaux, on voit qu'elle dépend uniquement du rapport entre la longueur de la carene, & sa largeur, les lettres a & b en désignant les moitiés, & la lettre R exprimant la résistance de la section la plus large de la carene, si elle se mouvoit directement dans l'eau. Nous ajouterons ici une petite Table où l'on trouvera pour chaque rapport proposé entre la longueur & la largeur d'une carene, la valeur de la formule $\frac{2bb}{aa+2bb}$. R, ou la véritable valeur de la résistance.

RAPPORT. $a : b$	RÉSISTANCE.
2 : 1	$\frac{1}{3}$. R.
$2\frac{1}{2}$: 1	$\frac{4}{33}$. R ou à-peu-près $\frac{1}{4}$. R.
3 : 1	$\frac{2}{11}$. R.
$3\frac{1}{2}$: 1	$\frac{4}{57}$ R ou à-peu-près $\frac{1}{7}$. R.
4 : 1	$\frac{1}{9}$. R.
$4\frac{1}{2}$: 1	$\frac{4}{89}$. R ou à-peu-près $\frac{1}{11}$. R.
5 : 1	$\frac{2}{27}$. R.
$5\frac{1}{2}$: 1	$\frac{4}{129}$. R ou à-peu-près $\frac{1}{16}$. R.
6 : 1	$\frac{1}{19}$. R.
$6\frac{1}{2}$: 1	$\frac{4}{177}$. R ou à-peu-près $\frac{1}{21}$. R.
7 : 1	$\frac{2}{51}$. R.

CHAPITRE IV.

Sur la réſiſtance des vaiſſeaux dans la route
oblique, & de la dérive en général.

§. 26. Quand les vaiſſeaux font route
pouſſés par l'action du vent, il eſt ſouvent
impoſſible qu'ils ſuivent une route directe,
& ils ſont obligés de filler ſuivant une direction plus ou moins différente de celle de
leur grand axe : l'angle que fait alors la
route du vaiſſeau avec ſon grand axe, eſt
nommé *la dérive.* Nous n'entrerons pas
encore dans la diſcuſſion des circonſtances
qui obligent le vaiſſeau de ſuivre une route
oblique, & nous ſuppoſerons ſimplement
que le vaiſſeau ſe meut actuellement ſelon
une telle route oblique avec une certaine
vîteſſe, & nous tâcherons de déterminer la
réſiſtance que l'eau lui oppoſe. Cela poſé,
il eſt clair que, dans ce cas, la moyenne direction de tous les efforts que l'eau exerce
ſur la ſurface de la carene, ne tombera plus
dans le plan diamétral du vaiſſeau, mais
qu'elle en ſera éloignée plus ou moins vers
l'un ou l'autre côté ; elle ne ſera pas auſſi
toujours horizontale, elle pourra être inclinée à l'horizon. De plus, il eſt ſouvent im-

poſſible de réduire toutes les preſſions élémentaires à une ſeule force qui agiſſe ſelon une certaine direction ; mais on pourra
toujours les réduire à trois forces, dont les
directions ſont parallèles aux trois axes principaux du vaiſſeau, leſquels ſont, 1°. l'axe
horizontal tiré ſelon la longueur du vaiſſeau ;
2°. l'axe horizontal ſelon ſa largeur ; &
3°. l'axe vertical. Ces trois axes ſe croiſent
dans le centre de gravité du vaiſſeau.

§. 27. Mais comme la conſidération de
ces trois forces en général ſeroit trop abſ-
traite, & ne nous fourniroit aucune connoiſſance lumineuſe & utile, nous commencerons nos recherches, ſur ce ſujet, par
un cas très-ſimple à la vérité, qui ne ſauroit avoir lieu dans la pratique, mais qui
nous fournira des idées claires & préciſes
ſur la nature du ſujet que nous avons à trai-
ter. Nous ſuppoſerons à la carene la figure
d'un parallélépipede rectangle repréſenté
dans la dixieme figure, où AB eſt le grand
axe de la carene, CD ſon petit axe, & FE
l'axe vertical, qui meſure en même-tems
la profondeur de la carene. Dans cette ſuppoſition toutes les ſections perpendiculaires à chacun de ces trois axes ſont des pa-
rallélogrammes rectangles ; & comme les
faces qui choquent l'eau ſont verticales,

tous

tous les efforts de la résistance agiront selon des directions horizontales, & il n'en
résultera aucune force dont la direction soit
verticale. De plus, la direction du mouvement étant toujours horizontale, quelque
angle qu'elle fasse avec le grand axe AB,
toutes les sections horizontales auront à
soutenir les mêmes efforts de la part de
l'eau. On peut donc se borner à considérer
la seule section faite à fleur d'eau ACBD,
& dans toutes les courses obliques, il suffira de considérer les deux côtés de ce parallélogramme, qui sont choqués par l'eau.
Ayant trouvé les efforts que chacun de ces
deux côtés soutient, on les multipliera par
la profondeur de la carene FE, & le produit donnera la résistance que cette carene
éprouve de la part de l'eau.

§. 28. Supposant donc que le parallélogramme rectangle ACBD est la section *Fig. 11.*
horizontale du vaisseau faite à fleur d'eau,
la ligne AB son grand axe, & CD son petit axe, nous ferons, pour abréger, le demi-
grand axe AF $= a$, & le demi-petit axe
CF $= b$. Soit de plus FX la direction oblique suivant laquelle se meut le vaisseau.
L'angle AFX que fait cette direction avec
le grand axe, & qu'on nomme la dérive
du vaisseau, étant $= \varphi$, il est clair que la

G

face $a\,A\,a = 2b$, fera choquée par l'eau fous l'angle $A\,x\,F$ ou $a\,x\,X = 90° - \varphi$, dont le finus eft $= $ cof. φ : d'où il fuit que la force de l'eau fera exprimée par $2b.$ cof. φ^2. (Cette formule devroit être multipliée par la profondeur de la carene, & par la quantité $\frac{cc}{4g}$: la lettre c défignant la vîteffe du vaiffeau dans la direction FX ; & par-tout, dans la fuite, il faut fous-entendre cette double multiplication). Pareillement menant la droite Cc parallele à FX, on voit que la face $a\,C\,b = 2a$ fera frappée par l'eau fous l'angle $a\,C\,c = \varphi$; d'où l'on doit conclure la force $= 2a.$ fin. φ^2. Ces deux forces agiffent perpendiculairement chacune fur la face qui lui correfpond, & chacune paffe par le milieu de cette face. La premiere de ces forces $2b.$ cof. φ^2, pouffera donc felon la direction AF, & la fuppofant repréfentée par la ligne Fr, elle agira comme fi elle étoit appliquée au centre F : pareillement la ligne $Fs = 2a.$ fin. φ^2 repréfentera la force qui agit fur la face $a\,C\,b$. Achevant donc le petit rectangle $Frys$, la diagonale Fy repréfentera la force de la réfiftance que le vaiffeau éprouve dans ce mouvement. Cette force entiere fera donc $y = \sqrt{(4bb\ \text{cof.}\ \varphi^4 + 4aa\ \text{fin.}\ \varphi^4)}$, & l'obliquité de cette force par rapport au grand axe AB sera l'angle BFy, dont la tangente est $\frac{ry}{Fr} = \frac{a.\, sin.\, \varphi^2}{b.\, cos.\, \varphi^2}$.

§. 29. Cette force étant trouvée, il est évident que pour que le vaisseau se maintienne dans le mouvement que nous lui supposons selon la direction FX, il faut qu'il soit poussé par une force directement contraire à celle de la résistance. Continuant donc la diagonale yF vers Y, la droite FY sera la direction de la force par laquelle il faut que le vaisseau soit poussé pour qu'il suive la route proposée FX. Or nous venons de voir que la tangente de l'angle AFY est $= \frac{a.\, sin.\, \varphi^2}{b.\, cos.\, \varphi^2}$. Nous connoissons donc le rapport entre l'obliquité de la route FX, & celle de la force poussante FY, rapport indépendant de la vitesse c du vaisseau. Mais pour avoir la force même qui est requise pour conserver le vaisseau dans ce mouvement, il faut multiplier la formule trouvée $\sqrt{4\,aa.\, sin.\, \varphi^4 + 4\,bb.\, cos.\, \varphi^4}$, tant par la profondeur de la carène que par la quantité $\frac{cc}{4g}$, en se ressouvenant que c désigne l'espace que le vaisseau parcourt dans une seconde, & g la hauteur dont la gravité fait tomber les corps dans le même tems; de sorte que cette hauteur g peut être eſtimée de 16 pieds de Londres. On ſe rappellera encore que nous exprimons cette force par le poids d'une maſſe d'eau dont le volume eſt exprimé par la formule que nous lui aſſignons.

§. 30. Ce qui mérite ici le plus notre attention, c'eſt le rapport qui ſe trouve entre les deux angles AFX & AFY, ou entre l'obliquité de la route ou la dérive, que nous faiſons $= \varphi$, & l'obliquité AFY de la force pouſſante, que nous ſuppoſerons $= \psi$; de ſorte que Tang. $\psi = \frac{a \ fin. \ \varphi^2}{b \ col. \ \varphi^2}$, ou bien $\frac{a}{b}$. Tang. $\varphi^2 =$ Tang. ψ. Il ſuit de-là que ſachant le rapport des lettres a & b, il eſt aiſé de trouver tant pour tous les angles φ, les angles ψ qui leur correſpondent, que réciproquement pour tous les angles ψ, les angles φ qui leur conviennent. On a pour ce dernier cas, Tang. $\varphi = \sqrt{(\frac{b}{a}.}$ Tang. $\psi)$; & comme la quantité a eſt ordinairement beaucoup plus grande que b, il en réſulte que l'obliquité de la force pouſſante AFY ſurpaſſe aſſez conſidérablement la dérive ou l'angle AFX dans le plus grand nombre de cas. On voit au reſte, par notre formule, que ces deux obliquités deviennent égales eutr'elles lorſque Tang. φ

$= \frac{b}{a}$; car alors on aura auſſi Tang. $\psi = \frac{b}{a}$:
d'où il ſuit que, ſi la dérive étoit encore
moindre, l'obliquité ψ deviendroit encore
plus petite; mais dès que l'ang. $\varphi > \frac{a}{b}$,
ψ devient auſſi $> \varphi$. Pour rendre ceci plus
clair, qu'on ſe repréſente un angle α, tel
que Tang. $\alpha = \frac{a}{b}$, & on aura Tang. φ^2
$=$ Tang. α. Tang. ψ; c'eſt-à-dire, que les
trois angles α, φ & ψ, ont toujours entr'eux
une telle relation, que leurs tangentes ſont
en proportion géométrique, ou que Tang. φ
eſt moyenne proportionnelle entre Tang. α
& Tang. ψ.

§. 31. Nous venons de voir que les deux
obliquités φ & ψ deviennent égales entr'elles lorſque $\varphi = \alpha$, & que dans ce cas
on a auſſi $\psi = \alpha$. On voit encore qu'une
telle égalité doit avoir lieu lorſque $\varphi = 0$,
& lorſque $\varphi = 90$. Dans le premier de ces
cas la route du vaiſſeau ſeroit directe, &
dans l'autre le vaiſſeau ſe mouvroit ſelon
la direction du petit axe FC, qu'on peut
auſſi regarder comme directe. Puiſque dans
ces trois cas de $\varphi = 0$, de $\varphi = \alpha$, & de
$\varphi = 90°$, on a $\psi = \varphi$, & que dans tous les
autres cas ces deux angles φ & ψ ſont différens entr'eux, on demandera ſans doute

dans quel cas la différence de ces deux angles deviendra la plus grande, ou, ce qui
revient au même, dans quel cas l'angle XFY
fera le plus grand? Faiſant cette recherche
ſelon les regles de l'analyſe, on trouvera
que ce cas aura lieu lorſque le ſinus du
double angle 2ψ eſt égal à la moitié du
ſinus du double angle 2φ, ou bien lorſque
ſin. $2\psi = \frac{1}{2}$ ſin. 2φ. Mais le développement
de cette queſtion dépend de la réſolution
d'une équation du quatrieme degré, la-
quelle eſt Tang. $\varphi^4 = 2$ Tang. α. Tang.
$\varphi^3 - 2$ Tang. α. Tang. $\varphi + $ Tang. $\alpha^2 = 0$,
dont on ne ſauroit aſſigner les racines que
par approximation; de ſorte que la réſolution de cette queſtion qui paroiſſoit d'a-
bord aſſez facile, exige pour chaque valeur
de α des calculs aſſez embarraſſans.

§. 32. Tout ce que nous venons de rapporter étant tiré d'un cas qui ne ſauroit
avoir lieu dans la pratique, on trouvera
peut-être étrange que nous nous y arrê-
tions ſi long-tems. Mais nous ferons voir
bientôt que la conſidération de ce cas peut
nous conduire à des concluſions aſſez générales & applicables à preſque tous les
vaiſſeaux. Pour cela, nous lierons avec les
lettres a & b, qui marquent les deux demi-
axes de notre figure, d'autres notions qui

leur peuvent également convenir. Car si.
notre figure se mouvoit directement selon.
le grand axe BA., la résistance seroit $2b$;
& si la même figure étoit mue selon son.
petit axe, la résistance deviendroit $= 2a$:
de-là on peut conclure que nos formules
deviendront applicables à tous les vaisseaux., si au lieu de $2b$ on substitue la résistance que le vaisseau souffriroit dans sa.
route directe, & que nous nommerons P;
& au lieu de $2a$, celle que le même vaisseau souffriroit s'il se mouvoit avec la même
vitesse dans la direction de son petit axe;
nous désignerons cette résistance par la lettre Q. Ainsi, étant question d'un vaisseau
quelconque, on écrira au lieu des lettres $2b$
& $2a$, les résistances P & Q; & le rapport
trouvé entre les deux obliquités φ & ψ,
continuera d'avoir lieu : de sorte qu'on aura.

Tang. $\psi = \frac{Q}{P}$. Tang. φ^2. C'est ce qui doit

être en effet ; car pour peu qu'on y veuille
réfléchir, on reconnoîtra que les lettres a
& b ne sont entrées dans les formules ci-
dessus, qu'en tant qu'elles exprimoient les
deux résistances dont nous venons de parler.
Il suit encore de ce que nous venons d'é-
tablir, que la force selon la direction FY
requise pour maintenir le vaisseau dans sa
route FX, sera $= \sqrt{(P^2 \sin. \varphi^4 + Q^2}$.

G iv.

cof. φ +). Si ces formules ne donnent pas des
réfult.tts exactement conformes à la vérité,
au moins ne s'en écarteront-ils pas confidérablement. Cette confidération nous fournira le fujet du Chapitre fuivant.

CHAPITRE V.

Sur le rapport entre les obliquités de la route
d'un vaisseau, & de la force pousfante.

§ 33. APRÈS ces recherches fur le rap-
port des deux angles φ & ψ, confidérons
un vaisseau quelconque, dont les trois axes
principaux de la carene foient le grand axe
AB $= a$, le petit axe CD $= b$, & la profondeur FE $= e$; & voyons comment le
rapport dont il s'agit ici pourra être exprimé uniquement par ces trois dimenfions de
la carene a, b & e. Déterminons d'abord
par les principes établis ci-deffus, la réfiftance que ce vaisseau éprouveroit dans
fa route directe fuivant la direction de fa
longueur BA. Pour cet effet, on confidé-
rera que fa plus grande fection tranfverfale
CED ayant pour bafe CD $= b$, & pour hauteur FE $= e$, fon aire fera contenue entre les
limites $b e$ & $\frac{1}{2} b e$; nous la fuppoferons par
conféquent $= \frac{3}{4} b e$. On verra bientôt qu'une

Fig. 12.

petite erreur, dans cette valeur moyenne, ne sera presque d'aucune conséquence. Maintenant cette même aire $\frac{3}{4} b e$ exprimera la résistance qu'elle souffriroit directement dans l'eau, sous-entendant toujours la multiplication par $\frac{cc}{45}$: ce sera donc la valeur de la lettre R, que nous avons employée dans le troisieme Chapitre, pour exprimer la résistance dans la route directe. Il suit de-là que, la raison $a : \frac{1}{2} b$ étant la même que nous avons indiquée par les mêmes lettres, la résistance que ce vaisseau souffrira dans sa course directe, sera $= \frac{2bb}{aa + 2bb} \cdot \frac{3}{4} b e$: c'est donc la même quantité que nous venons de désigner par la lettre P sur la fin du Chapitre précédent. On a donc

$$P = \frac{2bb}{aa + 2bb} \cdot \frac{3}{4} b e.$$

§. 34. Concevons à présent que le même vaisseau se meut avec la même vitesse c selon la direction de son petit axe DC : l'on comprend d'abord qu'il éprouvera une résistance énorme. Pour la trouver, nous n'avons qu'à considérer la section diamétrale de la carene AEB, comme choquant directement l'eau. Cela posé, l'aire de cette section étant comprise entre les limites $a e$ & $\frac{1}{2} a e$, nous la supposerons $= \frac{3}{4} a e$, quanrité qui exprimera de la même maniere la réfiſtance de cette ſection. La courbure du vaiſſéau ne diminuera pas ſenſiblement cette réſiſtance; car conſidérant ici b comme le grand axe, & a comme le petit, notre regle nous donnera dans ce cas la réſiſtance $= \frac{2aa}{2aa+bb} \cdot \frac{3}{4} ae$; réſiſtance que nous avons déſignée ci-deſſus par la lettre Q. De-là nous tirons la fraction $\frac{Q}{P} = \frac{a^3}{b^3} \cdot \frac{(2aa+2bb)}{(4a+2bb)}$, dans laquelle la profondeur e, & le coefficient $\frac{3}{4}$, ne ſe trouvent plus. Si a eſt pluſieurs fois plus grand que b, &, à plus forte raiſon, aa plus grand que bb, cette fraction ſe réduit à fort peu près à $\frac{a^3}{2b^3}$; & comme il eſt bien difficile d'atteindre à un plus haut degré de préciſion, nous nous en tiendrons à cette derniere formule dont on pourra ſe ſervir ſans craindre aucune erreur conſidérable.

§. 35. Il ſera maintenant très-facile de remplir l'objet que nous nous propoſons. car ſuppoſons que notre vaiſſeau fait route obliquement ſelon la direction FX, & que pour le maintenir dans cette route il faut le pouſſer ſuivant la direction FY; faiſant l'angle de la premiere obliquité FX, ou la dérive du vaiſſeau AFX $= \varphi$, & l'obli-

quité de la force pouſſante FY, ou l'angle
AFY $= \psi$, nous aurons pour l'expreſſion
du rapport entre ces deux angles cette éga-
lité Tang. $\psi = \frac{a^3}{2b^3}$ Tang. φ^2, d'où l'on tirera aiſément l'angle ψ, l'autre φ étant donné. Mais ſi l'angle ψ étoit donné, pour trouver l'autre φ on auroit à réſoudre cette éga-
lité Tang. $\varphi = \sqrt{\frac{2b^3}{a^3}} \cdot$ Tang. ψ. On pourra, comme on le voit, calculer ſans beau-
coup de peine des Tables pour chaque eſpece de vaiſſeaux, & ces Tables pourront
être en petit nombre, le rapport entre la
longueur a & la largeur b étant compris
dans preſque tous les vaiſſeaux entre les limites $3 : 1$ & $6 : 1$; de ſorte que les cas
ſuivans de la raiſon $a : b$, ſavoir, $3 : 1$;
$3\frac{1}{2} : 1$; $4 : 1$; $4\frac{1}{2} : 1$; $5 : 1$; $5\frac{1}{2} : 1$; $6 : 1$
fourniront tous les éclairciſſemens qu'on
peut ſouhaiter. Et comme la dérive φ ne
ſauroit jamais aller au-delà de 20 ou 30 degrés, & qu'il ſuffira de calculer ces Tables
de cinq en cinq degrés, elles ſe trouveront
réduites à un aſſez petit nombre de termes.

Iʳᵉ Eſpece où AB = 3CD.		IIᵈᵉ Eſpece où AB = 3½ CD.	
A F X	A F Y	A F X	A F Y
5°	5° 54′	5°	9° 19′
10	22 46	10	33 41
15	44 16	15	56 59
20	60 47	20	70 36
25	71 11	25	77 54
30	77 28	30	82 2
35	81 24	35	84 34

Fig. 12.

IIIᵐᵉ Eſpece où AB = 4CD.		IVᵐᵉ Eſpece où AB = 4½ CD.	
A F X	A F Y	A F X	A F Y
5°	13° 46′	5°	19° 14′
10	44 51	10	54 47
15	66 29	15	78 1
20	76 44	20	80 36
25	81 49	25	84 14
30	84 39	30	86 14
35	86 21	35	87 27

Vme Espece où AB = 5 CD.		VIme Espece où AB = 5 ½ CD.	
AFX	AFY	AFX	AFY
5°	25° 34′	5°	32° 29′
10	62 46	10	68 51
15	77 26	15	80 30
20	83 7	20	84 49
25	85 47	25	86 50
30	87 15	30	87 56
35	88 8	35	88 36

VIIme Espece
où AB = 6 CD.

AFX	AFY
5°	39° 35′
10	73 25
15	82 39
20	86 1
25	87 34
30	88 25
35	88 55

§. 36. Quoique l'objet de ces Tables soit de faire trouver l'obliquité de la force poussante AFY pour chaque espece de vaisseaux, la dérive ou l'angle AFX étant

donné, on peut auffi s'en fervir pour trouver la dérive AFX, l'obliquité AFY étant
donnée. Si, par exemple, dans la cinquieme efpece, où AB = 5. CD, l'obliquité
de la force poussante étoit AFY = 62°,
on voit que la dérive ou l'angle AFX feroit à très-peu près = 10°. Mais il fe pré-
sente un inconvénient; les angles AFY
fautent par de trop grands intervalles, pour
qu'il foit aifé d'y appliquer une interpola-
tion fatisfaifante. Cette question cependant
fe préfentant le plus fouvent dans la pratique, il fera néceffaire de calculer une autre Table où l'on puiffe trouver pour chaque efpece de vaiffeaux, & pour chaque
angle AFY, la vraie valeur de la dérive
AFX: Il fuffira de faire croître les angles
AFY de dix en dix degrés jufqu'à 60°, de-
là jufqu'à 80° de cinq en cinq degrés; enfin de 80° jufqu'à 85° par degrés: il feroit
inutile d'aller au-delà de 85°. Pour calculer
cette Table on fe fervira de cette formule
tang. $\varphi = \sqrt{\left(\frac{a^3}{2b^3} \cdot \text{tang. } \psi\right)}$, d'où l'on
tire log. tang. $\varphi = \frac{1}{2}$. log. taug. $\psi - \frac{1}{2}$
log. $\frac{a^3}{2b^3}$. Nous donnerons donc à cette Table la forme fuivante :

TABLE pour connoître la dérive des vaisseaux de chaque espece, l'obliquité de la force poussante AFY étant donnée.

L'angle AFY	Longueur du vaisseau AB.			
	3. CD	3½. CD	4. CD	4½. CD
10°	6° 31'	5° 11'	4° 14'	3° 33'
20	9 19	7 25	6 5	5 7
30	11 41	9 19	7 39	6 25
40	14 1	11 11	9 12	7 44
50	16 33	13 16	10 55	9 12
60	19 43	15 52	13 6	11 3
65	21 43	17 31	14 29	12 15
70	24 17	19 42	16 20	13 48
75	27 44	22 39	18 51	15 56
80	32 57	27 13	22 50	19 26
81	34 22	28 29	23 57	20 25
82	35 59	29 57	25 15	21 34
83	37 49	31 38	26 45	22 54
84	40 1	33 40	28 37	24 33
85	42 37	36 9	30 52	26 36

TABLE pour connoître la dérive des vaiſſeaux de chaque eſpece, l'obliquité de la force pouſſante AFY étant donnée.

L'angle AFY	Longueur du vaiſſeau AB.		
	5. CD	5 ½. CD	6. CD.
10°	3° 2′	2° 38′	2° 19′
20	4 22	3 47	3 19
30	5 29	4 45	4 11
40	6 37	5 44	5 3
50	7 52	6 49	5 59
60	9 27	8 13	7 13
65	10 31	9 7	8 1
70	11 50	10 18	9 4
75	13 44	11 57	10 32
80	16 46	14 38	12 55
81	17 38	15 24	13 36
82	18 39	16 18	14 24
83	19 50	17 22	15 21
84	21 19	18 41	16 32
85	23 9	20 20	18 1

§. 37. Il ſera maintenant aiſé, à l'aide de cette Table, de réſoudre la queſtion dont nous avons parlé ci-deſſus, & où il s'agiſſoit d'aſſigner pour chaque eſpece de vaiſſeaux les deux obliquités ou angles AFX & AFY, tels que leur différence, ou l'angle

l'angle XFY devint le plus grand. La réfolution de ce problême est de la derniere
importance dans l'art du Pilotage, pour
pouvoir profiter de tous les vents, comme
nous le montrerons plus en détail dans la
Partie fuivante. En attendant, nous rappor-
terons ici les deux angles AFX & AFY,
qui donnent la plus grande différence pour
chaque efpece de vaiffeaux. C'eft ce qu'on
voit dans la Table fuivante.

Efpece de vaiffeaux.	L'angle AFX	L'angle AFY	Leur différ: XFY
AB = 3 CD	29° 30′	76° 53′	47° 23′
AB = 3½ CD	26 4	78 56	52 52
AB = 4 CD	23 45	80 6	56 21
AB = 4½ CD	20 0	80 36	60 36
AB = 5 CD	18 27	81 53	63 26
AB = 5½ CD	16 18	82 6	65 48
AB = 6 CD	15 4	82 50	67 46

§. 38. Nous n'avons confidéré jufqu'ici
que la direction de la force pouffante : or
des principes d'où nous l'avons tirée, on
peut auffi conclure la force requife pour
imprimer au vaiffeau la viteffe donnée c.
Nous avons trouvé ci-deffus (§. 32), la
formule $\sqrt{(P^2 \cos. \phi^4 + Q^2. \sin. \phi^4)}$,
pour exprimer la force que nous cherchons.

H

Le même paragraphe nous fournit cette
équation : Tang. $\psi = \frac{Q}{P}$ Tang. φ^2, d'où l'on

tire $P = \frac{Q \cdot \text{tang.} \varphi^2}{\text{tang.} \psi}$, & par conséquent P

cof. $\varphi^2 = \frac{Q \cdot \text{fin.} \varphi^2}{\text{tang.} \psi}$, & P^2 cof. $\varphi^4 = \frac{Q^2 \text{fin.} \varphi^4}{\text{tang.} \psi^2}$

$= \frac{Q^2 \text{fin.} \varphi^4 \cdot \text{cof.} \psi^2}{\text{fin.} \psi^2}$. Subftituant dans la formule cette derniere valeur de P^2 cof. φ^4,

elle deviendra Q fin. $\varphi^2 \sqrt{(\frac{\text{cof.} \psi^2}{\text{fin.} \psi^2} + 1)}$

$= Q$ fin. $\varphi^2 \times \sqrt{(\frac{\text{cof.} \psi^2 + \text{fin.} \psi^2}{\text{fin.} \psi^2})}$

$= \frac{Q \text{fin.} \varphi^2}{\text{fin.} \psi}$, expreffion de la force pouffante. Nous avons encore trouvé (§. 34)
que la valeur de Q étoit la quantité $\frac{1}{4}$ a e.

$\frac{2ae}{aea + bb}$, multipliée par $\frac{cc}{4g}$. L'expreffion

de la force pouffante fera donc $\frac{cc}{4g} \cdot \frac{1}{4}$ a e.

$\frac{2ae}{aea + bb} \cdot \frac{\text{fin.} \varphi^2}{\text{fin.} \psi}$, ou fimplement $\frac{cc}{4g} \frac{1}{4}$ ae.

$\frac{\text{fin.} \varphi^2}{\text{fin.} \psi}$, la quantité bb pouvant être négligée relativement à aea. Si la force pouf-
fante étoit donnée, & $= F$, on en con-
cluroit aifément la viteffe que le vaiffeau
recevra au moyen de cette égalité $\frac{cc}{4g}$

$= \frac{4F}{gg e} \cdot \frac{\text{fin.} \psi}{\text{fin.} \varphi^2}$. Nous venons, comme on le
voit, de déterminer la grandeur de la force

pouſſante. Il reſte encore à déterminer le lieu de l'application de cette force. C'eſt ce qui va faire l'objet de nos recherches dans le Chapitre ſuivant.

§. 39. Avant de finir ce Chapitre, nous ferons obſerver un paradoxe bien ſingulier dans la formule $\sqrt{P^2 \text{ coſ.} \varphi^4 + Q^2 \text{ ſin.} \varphi^4}$, qui exprime la force de la réſiſtance. Elle devient $= P$ lorſque $\varphi = 0$, & $= Q$ lorſque $\varphi = 90°$. Le premier de ces cas a lieu quand le vaiſſeau ſuit dans ſa marche la direction du grand axe BA; & le ſecond, quand il ſe meut dans la direction du petit axe CD. Il paroîtroit ſuivre de-là que puiſque Q eſt pluſieurs fois plus grand que P, la plus petite réſiſtance devroit avoir lieu dans la route directe, où la dérive φ eſt nulle. Cependant il eſt certain que la réſiſtance deviendra encore plus petite dans le cas d'une certaine dérive qui a lieu lorſque tang. $\varphi = \dfrac{P}{Q}$, & qui ſera par conſéquent très-petite. Car on aura alors ſin.

$$\varphi = \frac{P}{\sqrt{PP + QQ}}, \quad \text{coſ. } \varphi = \frac{Q}{\sqrt{PP + QQ}},$$

& par conſéquent PP coſ. $\varphi^4 = \dfrac{PPQ^4}{(PP + QQ)^3}$,

& QQ ſin. $\varphi^4 = \dfrac{QQP^4}{(PP + QQ)^3}$: donc PP cof. φ^4 + QQ. fin. φ^4 = $\frac{PPQ^4 + QQP^4}{(PP + QQ)^2}$

= $\frac{PPQQ}{PP + QQ}$, dont la racine quarrée don-

ne la réfiftance = $\frac{PQ}{\sqrt{PP + QQ}}$, quantité

plus petite que P, parce que $\frac{Q}{\sqrt{PP + QQ}}$

eft plus petit que 1. Tel eft ce grand paradoxe : en donnant au vaiffeau une petite
dérive φ, telle que tang. $\varphi = \frac{P}{Q}$, la réfiftance fe trouve plus petite que dans la
route directe. C'eft le cas que nous avons
déjà remarqué ci-deffus, où l'angle XFY
s'évanouit ; de forte que la direction de la
réfiftance eft ici directement contraire à
celle du mouvement.

CHAPITRE VI.

*Sur le lieu de l'application de la force
poussante.*

§. 40 EN considérant, comme nous
avons fait ci-dessus, la carene comme un
parallélogramme rectangle, la force de la
résistance s'est trouvée appliquée au centre
même de la carene F; & quand nous avons
ensuite généralisé cette hypothese, les conclusions que nous en avons tirées n'ont regardé que la quantité de la résistance Fy,
& son obliquité, ou l'angle rFy que la
direction fait avec le grand axe AB; &
l'on se tromperoit beaucoup si l'on vouloit étendre cette généralisation jusqu'au
lieu de l'application. Pour se convaincre de
cette vérité, il ne faut que supposer à la
carene la figure d'un rhombe ACBD, dont
le grand axe soit AB, & le petit CD, &
le faire mouvoir dans la direction FX; enforte que la dérive AFX soit moindre que
l'angle ABC. Cette supposition est d'autant plus raisonnable, que les dérives ne
deviennent jamais très-considérables, &
que d'un autre côté il suffit, pour notre objet, de trouver le vrai lieu de l'application

Fig. 12.

Fig. 13.

H iij

pour les petites dérives. Cela posé, il est
clair que le vaisseau ne sera choqué par l'eau,
que par les deux faces de l'avant AC &
AD; & comme l'obliquité d'incidence est
par-tout la même sur chacune de ces faces,
la moyenne direction de la force de l'eau
passera par les points M & N, où elles sont
divisées en deux parties égales; mais ces
forces sont perpendiculaires aux faces. Menant donc les perpendiculaires MQ & NQ,
elles se couperont sur le grand axe au point
Q, par lequel passera la moyenne direction
de ces deux forces, qui est celle de la résistance même.

§. 41. La direction de la force poussante
QY passera donc en ce cas par le point Q,
ou bien la force requise pour maintenir le
vaisseau dans son mouvement oblique, de-
vra être appliquée au point Q, ou plutôt
à un autre point élevé perpendiculairement
au-dessus de Q. Nous nous bornons ici à
chercher la distance horizontale du milieu
du vaisseau F, au point où l'on doit appliquer cette force, sans nous embarrasser
encore de sa hauteur verticale, qui dépend
de circonstances particulieres que nous développerons dans la suite. Pour déterminer le point Q, on menera CK perpendiculaire au côté AC; il est clair que le

point Q se trouvera au milieu de l'intervalle AK, & l'on aura cette proportion AF : FC :: FC : FK, & par conséquent FK $= \frac{FC^2}{AF}$, & AK $= AF + \frac{FC^2}{AF}$, donc la moitié AQ $= \frac{1}{2} AF + \frac{CF^2}{2AF}$; d'où l'on conclut l'intervalle FQ $= \frac{1}{2} AF - \frac{CF^2}{2AF}$. C'est donc en avant du centre F de la carene en Q, que la force poussante doit être appliquée, & en introduisant dans la valeur de FQ la longueur entiere AB $= a$, & la largeur entiere CD $= b$, nous aurons l'intervalle FQ $= \frac{1}{4} a - \frac{bb}{4a}$.

§. 41. Comparons maintenant les deux figures que nous avons données à la carene : celle d'un parallélogramme rectangle nous avoit fourni l'intervalle FQ $= 0$, celle d'un rhombe vient de nous donner cet intervalle FQ $= \frac{a}{4} - \frac{bb}{4a}$; d'où nous concluons que, toutes les figures des carenes étant également éloignées de ces deux figures extrêmes, qu'on en peut regarder comme les limites pour tous les vaisseaux en général, l'intervalle FQ tiendra un certain milieu entre ces deux valeurs o & $\frac{a}{4} - \frac{bb}{4a}$. Nous pouvons donc, sans craindre de nous tromper beaucoup, établir ge

H ix

néralement cette distance FQ $= \frac{a}{8} - \frac{bb}{8a}$;
s'il arrive que cette valeur devienne quelquefois un peu trop grande, & d'autres fois
un peu trop petite, la différence sera presque toujours insensible, & pourra être négligée dans la pratique.

§. 43. La distance FQ étant ainsi déterminée, & la force poussante devant être
appliquée dans les courses obliques au-
dessus du point Q, on voit que c'est dans
ce point que le mât principal du vaisseau,
ou celui qu'on pourroit regarder comme
équivalent à tous les mâts pris ensemble,
doit être établi. Il est donc très-important
de déterminer ce point avec exactitude. On
voit d'abord que le mât principal doit être
plus près de la proue A que de la pouppe
B ; c'est ce que pratiquent les Constructeurs, & ils ne s'écartent guere d'un certain rapport entre les distances AQ &
BQ , qu'ils font presque généralement
comme 2 à 3 ; ce qui s'accorde assez
bien avec nos déterminations : car ayant
AQ $= \frac{3}{4} a + \frac{bb}{8a}$, & BQ $= \frac{1}{4} a - \frac{bb}{8a}$, le
rapport entre AQ & BQ, devient $3 + \frac{bb}{aa}$:
$1 - \frac{bb}{aa}$, lequel rapport seroit le même que
celui de 2 : 3, si l'on avoit $\frac{bb}{aa} = \frac{1}{5}$. Mais

Il faut confidérer que la fuppofition par laquelle nous avons affigné à l'intervalle FQ une valeur moyenne arithmétique entre les deux limites, pourroit bien s'écarter un peu de la vérité. Il paroit même probable que les figures réelles approchent un peu plus d'un rectangle que d'un rhombe ; ainfi fuppofant $FQ = \frac{2}{5} \left(\frac{a}{4} - \frac{bb}{4a} \right)$, on auroit

$$AQ = \frac{2}{5} a + \frac{bb}{10aa}, \& \ BQ = \frac{3}{5} a - \frac{bb}{10aa}.$$

Valeurs dont le rapport fera de $2 : 3$, fi on néglige le très-petit terme $\frac{bb}{10aa}$. L'obfervation que nous venons de faire de l'accord de l'expérience avec notre théorie, ne peut que confirmer la méthode dont nous nous fommes fervis.

§. 44. Voyons à préfent ce qui arriveroit fi la force pouffante n'étoit pas appliquée dans le lieu où elle doit l'être. On voit d'abord que pour ce qui regarde le mouvement progreffif du vaiffeau, la réfiftance produiroit toujours le même effet en quelque endroit que la force fût appliquée, pourvu que ce foit fous la même direction, & qu'une force contraire en détruiroit l'effet en quelque lieu qu'elle fût appliquée. Ainfi le lieu de l'application eft abfolument indifférent par rapport au mou-

vement progreffif. Mais il n'en est pas de
même relativement à l'inclinaifon du vaiffeau qui dépend du moment de la force de
la réfiftance par rapport à un axe horizontal paffant par le centre de gravité ; &
quoique la force contraire fût égale à la
réfiftance, il pourroit bien arriver que l'inclinaifon caufée par la réfiftance, n'en fût
pas détruite, ou qu'il en réfultât même
une nouvelle. C'eft ce qui arrive ordinairement dans les routes obliques, & il femble prefque impoffible d'empêcher que le
vaiffeau ne fouffre alors une inclinaifon
très-fenfible ; mais un vaiffeau incliné doit
fouffrir une autre réfiftance que celle que
nous lui avons affignée, & il femble que la
réfiftance directe P en doit le plus fouvent
recevoir quelque augmentation, pendant
que la latérale Q en eft un peu diminuée :
la fraction $\frac{P}{Q}$ dans la formule Tang. $\psi = \frac{P}{Q}$.
Tang. φ', fera donc un peu augmentée.
Cela n'empêche pas que cette formule &
les tables que nous en avons déduites, ne
puiffent être d'ufage. Il ne faut que diminuer un peu le rapport de la longueur à la
largeur du vaiffeau. Ainfi, fi le vaiffeau ap-
partenoit à la quatrieme efpece, il faudroit
fe fervir des Tables de la troifieme efpece.

§ 45. Mais ce qui fait ici le principal objet, c'est le moment de la résistance par rapport à l'axe vertical du vaisseau, passant par son centre de gravité ; ainsi dans la figure treizieme, où la ligne Q*y* représente la force de la résistance, & où l'axe vertical passe par le point F, le moment de cette force est Q*y*. QF sin. FQ*y*, & il tend à faire tourner le vaisseau autour de l'axe vertical dans le sens A 4. Il suit de-là que si la force poussante n'est pas appliquée de façon que le moment qui en résulte en sens contraire soit précisément égal à celui-là, le vaisseau en recevra un mouvement de rotation autour de son axe vertical ; & si ce mouvement n'est pas détruit, le vaisseau ne pourra pas se maintenir dans la route proposée : car si la différence dans le lieu de l'application de la force étoit un peu considérable, le gouvernail seul ne feroit pas suffisant pour détruire cet effet. De-là suit la nécessité d'observer la regle que nous venons de trouver pour le lieu de l'application de la force poussante ; au moins à-peu-près, l'effet qui résulteroit d'une petite aberration pouvant être détruit par l'action du gouvernail, outre que les Pilotes doivent toujours avoir quelques voiles à leur disposition pour suppléer à l'action du gouvernail.

§. 46. Nous avons confidéré jufqu'ici toutes ces forces comme appliquées à la furface de l'eau; mais il eft aifé de voir que la hauteur à laquelle on applique la force pouffante, doit être principalement mife en confidération lorfqu'il s'agit de l'incli-naifon que le vaiffeau fouffrira par l'action tant de la réfiftance, que par celle de la force pouffante, étant évident que plus le lieu de l'application eft élevé, plus le vaif-feau en fera incliné ; & comme dans la route oblique la direction de la force pouf-fante QY eft prefque perpendiculaire au grand axe AB, il en réfultera un moment très-confidérable pour incliner le vaiffeau autour de cet axe; dont l'effet eft d'autant plus à craindre, que la ftabilité par rapport au même axe eft plus petite. L'on voit de-là que pour rendre les vaiffeaux propres à fuivre des routes obliques , il eft néceffaire d'augmenter leur ftabilité par rapport au grand axe. Cette matiere fera traitée plus particuliérement dans la Partie fuivante.

CHAPITRE VII.

Sur l'action du gouvernail dans la route directe.

§. 47. Supposant que la figure représente une section horizontale de la carene, Fig. 14. à une profondeur quelconque sous la surface de l'eau, soit BA le grand axe, dont la direction est la même que celle du mouvement, dont la vitesse $= c$, & que l'axe vertical du vaisseau passe par le point F. Soit de plus BK le gouvernail fixé à une obliquité quelconque, mesurée par l'angle bBK., que nous supposerons $= \zeta$. Cela posé, il s'agit de trouver l'effet du gouvernail, pour faire tourner le vaisseau autour de son axe vertical, la méchanique nous apprenant que tous les mouvemens de rotation doivent être rapportés à un axe passant par le centre de gravité du corps. Ainsi nous devons premiérement chercher la force qui agit sur le gouvernail dans cette situation ; & ensuite en déterminer le moment par rapport à l'axe vertical FG , ou par rapport au point F.

§. 48. Lorsque le vaisseau marche dans la direction BA avec la vitesse $= c$, le

gouvernail BK foutient le même effort que
fi l'eau le choquoit dans une direction
contraire avec la même viteſſe, en ſuppo-
fant néanmoins que ce choc ou ſa direction n'eſt pas troublée par la figure de la
carene ; car on comprend aiſément que la
figure du corps du vaiſſeau peut altérer
très - conſidérablement, non-ſeulement la
direction, mais auſſi la viteſſe avec laquelle
l'eau frappe le gouvernail. Mais nous commencerons nos recherches ſur ce ſujet, en
faiſant abſtraction de ces irrégularités ;
nous ſuppoſerons que l'eau vient frapper
le gouvernail BK dans la direction BA ou
IL avec la viteſſe $= c$, & quand nous aurons développé ce cas, il ne ſera pas difficile d'eſtimer les aberrations qui peuvent
être cauſées par les ſuſdites irrégularités.

§. 49. Le gouvernail étant un plan ſur
lequel l'eau arrive par-tout ſous la même
obliquité BLI $= b$BK $= \zeta$, la moyenne
direction des efforts de l'eau paſſera par le
centre de gravité de la partie de ſon aire
plongée dans l'eau. Nous ſuppoſerons ce
centre en L, & faiſant cette portion de
l'aire $= ff$, nous aurons la force de l'eau
égale au poids d'une maſſe d'eau dont le
volume eſt égal au produit de l'aire ff par
ſin. ζ^2, quarré du ſinus d'incidence, mul-

tiplié par $\frac{cc}{45}$; de forte que cette force fera

$= \frac{ccff}{45}$. fin. ζ^2, fa direction Lb paffant par le point L, & étant perpendiculaire au plan du gouvernail. Pour mieux juger de l'effet de cette force, nous la décompoferons en deux latérales, fuivant Lp parallele à l'axe AB, & fuivant Lq qui lui eft perpendiculaire. Nommant enfuite l'intervalle BL, l, nous aurons, à caufe de l'angle $bBL = \zeta$, $Bq = l$ cof. ζ & $Lq = l$ fin. ζ: mais l'angle $Lpb = \zeta$, on aura donc en décompofant la force felon $Lp = \frac{ccff}{45}$.

fin. ζ^3, & celle felon $Lq = \frac{ccff}{45}$. fin. ζ^2. cof. ζ; la premiere Lp s'oppofe directement au mouvement du vaiffeau; la feconde Lq pouffe le vaiffeau de côté, l'une & l'autre comme fi elles étoient appliquées au centre de gravité du vaiffeau. Tel eft l'effet de l'action du gouvernail par rapport au mouvement progreffif du vaiffeau.

§. 50. Or felon que ces deux forces Lp, Lq tombent, au-deffus ou au-deffous du centre de gravité, elles fourniffent des momens dont l'effet eft d'incliner le vaiffeau; la premiere Lp autour du petit axe ou de l'axe tranfverfal du vaiffeau, & l'autre Lq autour de fon grand axe. Mais le centre de gravité G du vaisseau se trouvant ordinairement plus haut que le point L, si l'on suppose cette hauteur $FG = h$, le moment de la première force Lp sera $= \frac{ccff.h}{4g}$. sin. ζ^3, dont l'effet est d'incliner le vaisseau vers la proue qui sera plongée davantage dans l'eau. L'autre force Lq donne le moment $\frac{ccffh}{4g}$. sin. ζ^2 cos. ζ, tendant à incliner le vaisseau vers le côté droit de la figure, ou vers le côté où se trouve le gouvernail. On remarquera que ces effets seront d'autant moins sensibles, que le centre de gravité G sera placé plus bas dans le vaisseau; & comme la hauteur $FG = h$ ne sauroit jamais être considérable, cet effet du gouvernail ne peut devenir dangereux : aussi n'y fait-on ordinairement aucune attention.

§. 51. L'effet principal du gouvernail est le mouvement qu'il imprime au vaisseau autour de l'axe vertical GF; &, pour trouver ce mouvement, il faut chercher le moment des forces par rapport au même axe vertical FG. La force suivant Lp étant multipliée par l'intervalle $Lq = l$ sin. ζ, donnera pour l'axe FG le moment $\frac{ccff}{4g}$. l sin. ζ^4, tendant à faire tourner la proue A vers la droite. L'autre force suivant Lq,

étant

étant multipliée par l'intervalle $qF = Bq$ + BF, donne un moment exprimé par ces deux termes $\frac{ccff.l}{4g}$. fin. ζ^2. cof. ζ^2 + $\frac{ccff}{4g}$. fin. ζ^2 cof. ζ. BF, dont l'effet eft de faire également tourner la proue vers la droite, ou vers le côté où fe trouve le gouvernail. Ajoutons ces deux momens enfemble, leur fomme fera le moment entier tendant à faire tourner le vaiffeau autour de l'axe FG dans le fens Aα : cette fomme eft $\frac{ccffl}{4g}$ fin. ζ^2. + $\frac{ccff}{4g}$. fin. ζ^2. cof. ζ. BF. Cette formule fait voir que fi l'angle bBK étoit $= 0$, ou fi le gouvernail étoit dans fa fituation naturelle, ce moment de force s'évanouiroit entiérement. Dans le cas où l'on auroit ce même angle $\zeta = 90$, le moment deviendroit $\frac{ccff.l}{4g}$, & partant très-petit, la ligne BF, qui furpaffe plufieurs fois l'intervalle l, étant fortie du calcul.

§. 52. L'effet du gouvernail étant nul dans le cas de $\zeta = 0$, & très-petit lorfque $\zeta = 90°$, il eft évident qu'il doit y avoir un certain angle mitoyen qui rende cet effet le plus grand poffible. Pour trouver cet angle, négligeons d'abord dans notre formule la partie $\frac{ccffl}{4g}$. fin. ζ^2 très-petite à l'égard de l'autre, de forte que la queſtion fe réduiſe à trouver quelle valeur on doit donner à l'angle ζ, pour que la formule $\frac{ccff}{4g}$. fin. ζ^2. coſ. ζ. BF, ou ſimplement celle – ci fin. ζ^2. coſ. ζ ait la plus grande valeur poſſible. Les regles de l'analyſe nous apprennent que cette plus grande valeur a lieu lorſque tang. $\zeta = \sqrt{2}$, ou lorſque fin. $\zeta = \sqrt{\frac{2}{3}}$ & coſ. $\zeta = \sqrt{\frac{1}{3}}$: l'angle que nous cherchons b B K doit donc être $= 54^\circ, 44'$; c'eſt-à-dire, que fous cet angle le gouvernail produit le plus grand effet pour faire tourner le vaiſſeau ; & le moment, en négligeant le petit intervalle l, fera $= \frac{1}{6\sqrt{3}} \cdot \frac{ccff. BF}{g}$. Si l'on vouloit tenir compte du petit intervalle BL $= l$, on feroit la diſtance BF $= a$, pour avoir cette formule : $\frac{ccffl}{4g}$ fin. ζ^2. $+ \frac{ccffa}{4g}$ fin. ζ^2. coſ. ζ, ou $\frac{ccff}{4g}$ (l fin. $\zeta^2 + a$ fin. ζ^2 coſ. ζ), qui doit être un *maximum*, ou ſimplement celle-ci l fin. $\zeta^2 + a$ fin. ζ^2 coſ. ζ. Ici les regles de l'analyſe nous conduiſent à cette égalité : 3 coſ. $\zeta^2 + \frac{2l}{a} \cdot$ coſ. $\zeta - 1 = 0$, Mais comme $\frac{l}{a}$ eſt toujours une fraction très - petite, l'angle ζ que donnera cette équation ne différera pas beaucoup du pré-

cédent, qui est de 54°, 44'. De-là s'ensuit cette approximation assez simple : On
ajoutera à l'angle 54° 44', autant de de-
grés que la quantité $\frac{23.l}{4}$ contient d'unités ;
c'est-à-dire, qu'on fera $\zeta = 54°, 44'$
$+ \frac{23.l^o}{4}$.

§. 53. Cette détermination n'a lieu qu'autant que l'eau peut arriver librement sur le
gouvernail dans la direction AB ou IL, ce
qui n'a lieu qu'à la section horizontale la
plus profonde de la carene, où elle est terminée par la quille. Cette partie étant presque une ligne droite, n'empêche point l'eau
d'arriver sur le gouvernail dans la direction
IL avec sa vîtesse entiere $= c$. Mais il n'en
est pas de meme de toute autre section horizontale de la carene au-dessus de la quille ;
elle aura, vers le milieu, une largeur très-
considérable qui empêchera l'eau de couler librement sur le gouvernail. Si la longueur BK du gouvernail étoit beaucoup
plus grande que la demi-largeur de la section, l'eau pourroit y arriver librement au
moins sur son extrêmité K ; mais cette
longueur BK étant ordinairement plus petite que la demi-largeur FD, l'action de
l'eau sur le gouvernail sera d'autant plus al-
térée que les points qu'elle choquera seront

plus voifins du point B ; ce qui ne peut
que rendre la recherche de l'effet du gouvernail fort compliquée. Il faut même convenir que la théorie du mouvement des
fluides n'eft pas encore affez approfondie
pour qu'on puiffe déterminer l'altération
que fouffrira tant la vîteffe que la direction d'un fluide qui paffe auprès d'un corps
folide. Nous tâcherons cependant de ré-
pandre fur cette queftion affez de lumiere
pour diriger la pratique avec une fûreté
fuffifante.

Fig. 15. §. 54. Soit donc ACBD la figure d'une
fection horizontale au-deffus de la quille,
dont la longueur foit AB, & la largeur
CD ; foit de plus la vîteffe du vaiffeau fuivant la direction BA $= c$, comme ci-
deffus ; BK la pofition du gouvernail faifant avec la quille l'angle $= \zeta$, & L le centre de gravité de la furface du gouvernail,
ou du moins de la partie qui répond à
cette fection. Cela pofé, il eft clair que
l'eau ne fauroit arriver fur le gouvernail
près du point B, que fuivant la direction
c B ; c'eft-à-dire, fuivant la direction des
côtés de cette fection auprès de la pouppe :
d'où l'on voit que fi cette fection confervoit fa demi-largeur FC prefque jufqu'à la
pouppe, & que le côté CB allât s'y join-

dre par une courbure très - confidérable, l'eau aux environs de B n'auroit aucun mouvement; de forte qu'elle n'agiroit point fur le gouvernail qui, par conféquent, ne produiroit aucun effet. Il faut donc que le côté ACB n'ait en aucune part une grande courbure, & fur-tout qu'il ne foit point an-guleux ; mais que la largeur FC diminue peu à peu vers le point B, avec auffi peu de courbure que les circonftances le per-mettent.

§. 55. Suppofons donc que l'eau coule effectivement près de B fuivant la direction *c*B, & foit l'angle CB*c* = c; & comme la longueur du gouvernail BK eft toujours très-modique par rapport aux dimenfions du vaiffeau, nous pouvons fuppofer que l'eau coule felon la même direction fur tout le gouvernail BK. Soit de plus menée la ligne L*i* parallele à B*c*, pour repréfen-ter la direction du mouvement de l'eau. Cela pofé, l'angle BLI étant = ζ, & l'an-gle IL*i* = c, l'obliquité fous laquelle le gouvernail eft frappé, fera = $\mathsf{c} + \zeta$: quant à la viteffe, nous prouverons bientôt qu'elle n'eft plus = *c*, mais = *c*. cof. c; de forte que la formule trouvée pour le cas précé-dent s'appliquera aifément au cas préfent, en écrivant *c*. cof *c* au lieu de *c*, & l'augle $c + \zeta$ au lieu de ζ; ce qui nous donnera pour expreſſion de la force avec laquelle le gouvernail ſera choqué par l'eau $\frac{cc.\ coſ. c^2}{48}.\ ff.$ ſin. $(c + \zeta)^2$; $(\S.\ 49.)$. On voit par cette formule, que plus l'angle c approche de $90°$, plus cette force deviendra petite, & elle deviendroit nulle ſi l'angle ILi devenoit droit. Or c'eſt préciſément le cas où nous avons déjà remarqué que l'eau n'exerceroit aucune action ſur le gouvernail. Pour trouver le moment de cette force par rapport à l'axe vertical du vaiſſeau, on peut négliger la petite partie qui renfermoit, dans les formules ci-deſſus, la lettre l; l'autre partie, qui eſt la plus grande, ſe trouvera en multipliant la force tant par l'intervalle BF, que par le coſinus de l'obliquité du gouvernail, ou par coſ. ζ; de ſorte que le moment de force du gouvernail ſera, pour le cas dont il eſt queſtion,

$$\frac{cc.\ coſ. c^2}{48}.\ ff.\ ſin.\ (c + \zeta)^2.\ coſ.\ \zeta \times BF.$$

$\S.\ 56.$ Maintenant, pour trouver l'angle ζ, ou l'obliquité du gouvernail qui produit le plus grand effet, l'analyſe nous fournit cette regle : Qu'on cherche un angle γ, tel que coſ. $\gamma = \frac{1}{3}.$ coſ. c, & cet angle trouvé, qu'on prenne $\zeta = 90° - \frac{c + \gamma}{2}.$ Ainſi, ſi l'angle c ou ILi étoit de $45°$, ou l'angle

CBD=90°, on auroit cof. ζ=7071068, & partant $\frac{1}{3}$ cof. ζ=2357023 = cof. γ, d'où l'on tire γ = 76°, 22'; donc $\frac{\zeta+\gamma}{2}$ =60°,41'. Par conféquent l'angle ζ=29°, 19', qu'on voit être beaucoup plus petit que pour la fection la plus baffe de la carene, où nous avions ζ= 54°, 41'. De la valeur que nous venons de trouver, on peut déduire, en faifant ζ= 0, celle que nous avons trouvée précédemment; car ayant alors cof. ζ = 1,0000000, nous aurons cof. γ=0,3333333, & de-là γ=70°,32'; donc $\frac{\zeta+\gamma}{2}$ = 35°, 16', & partant ζ=54°, 44', comme on l'a trouvé ci-deffus. De-là s'enfuit une remarque bien importante pour les Pilotes, que pour obtenir le plus prompt effet du gouvernail, il faut lui donner une obliquité moindre que celle de 54°, 44', prefcrite jufqu'ici par les Géometres : car fi la plus haute fection de la carene demande une obliquité de 29°,18', pendant que la plus baffe en exige une de 54°,44', il faut fans doute en prendre une entre ces deux limites. La moyenne arithmétique feroit = 42°, 1'; mais comme le gouvernail eft beaucoup plus large en bas qu'au niveau de l'eau, & que les chocs en bas font beaucoup plus forts qu'en haut, l'obliquité moyenne doit beaucoup plus approcher de la plus grande limite. D'où il semble qu'on pourroit établir cette regle, qu'une obliquité d'environ 48° produira presque toujours le plus grand effet ; ou bjen que, pour obtenir ce plus grand effet, le Pilote doit mettre la barre du gouvernail de maniere qu'elle fasse avec l'axe du vaisseau un angle de 48°, ou au moins de 45°, les différences étant presque insensibles dans le voisinage d'un *maximum*.

§. 57. Il ne nous reste qu'à exposer les raisons qui nous ont déterminé à fixer à c. cos. c., la valeur de la vîtesse avec laquelle l'eau frappe le gouvernail. Pour cela, nous supposerons que la position actuelle d'une section de la carene, que nous considérons, est représentée dans la figure par ABM, AB étant le grand axe du vaisseau, BM une partie quelconque de son côté, & partant l'angle ABM $= c$: ensuite qu'après une seconde de tems cette figure soit avancée en abm, par l'espace B$b = c$ $= Mm$, la vîtesse c étant exprimée par l'espace parcouru dans une seconde. Dans cet état, si l'eau qui environnoit le vaisseau dans la position ABM, ne suivoit pas le vaisseau dans son mouvement, l'espace B$b$$m$M resteroit vuide ; mais l'état de pr...

Fig. 16.

fion où l'eau fe trouve, l'oblige bien promptement à fuivre le vaiffeau, & à remplir l'efpace B*b*M*m* : cette fucceffion fe fera même par le plus court chemin. Menant donc du point *m* fur le côté BM la perpendiculaire *m*N, il eft clair que l'eau de N ira remplir le vuide près de *m*, & cette fucceffion fe faifant dans une feconde par l'efpace N*m*, fa viteffe fera exprimée par ce même efpace : donc puifque l'intervalle M*m* = B*b* = *c* & l'angle *m*MN = ABM = *C*, la vraie viteffe de l'eau en N fera = *c*, fin. *C*, fa direction étant N*m*. Maintenant, pour trouver la viteffe avec laquelle l'eau frappe le gouvernail, il faut envifager le vaiffeau comme étant en repos, & toute la mer comme courant contre le vaiffeau avec la viteffe *c* dans la direction AB. Dans cette fuppofition, une molécule d'eau en N, outre fon propre mouvement de N en *m*, fera tranfportée en *n*, en parcourant N*n* parallele & égale à *b*B. Combinant donc ce mouvement par N*n* avec fon propre mouvement par N*m*, on achevera le parallélogramme M*m*N*n*, dont la diagonale NM repréfentera tant la direction que la viteffe dont l'eau en N fe meut à l'égard du vaiffeau. Or, M*m* = *c* & l'angle *m*MN = *C*, cette diagonale NM fera donc = *c*. cof. *C*. La viteffe avec laquelle

l'eau frappe le gouvernail, est donc en effet
= c. cos. ζ, comme nous l'avons supposé
ci-dessus; & comme la direction NM est
aussi la même que celle que nous lui avons
assignée, cette théorie paroît suffisamment
établie.

CHAPITRE VIII.

Sur l'action du gouvernail dans les routes

obliques.

§. 58. NOUS commencerons nos recherches sur le sujet que nous nous proposons
dans ce Chapitre, par les coupes horizontales les plus basses de la carene, qui ne
contiennent que la quille du vaisseau. Sup-
Fig. 17. posant donc que la droite AB représente la
quille, Aα ou FX la direction du mouvement
dont la vitesse soit toujours = c , de sorte
que l'angle AFX soit l'angle de la dérive ,
que nous nommerons comme ci-dessus φ;
supposant de plus que le gouvernail BK fait
avec la quille prolongée l'angle KBS = ζ,
& cela dans le même sens que la dérive
AFX, il s'agit de déterminer tant la vitesse que la direction avec laquelle l'eau
viendra frapper le gouvernail BK. Pour
cela, nous supposerons le vaisseau en repos,
& que l'eau se meut suivant la direction

en A ou XF avec une viteſſe $= c$; il eſt d'abord clair que le corps de la quille s'op-poſant à la continuation de ce mouvement, l'eau ſera obligée de changer peu à peu de direction, à meſure qu'elle s'en approchera ; de façon que, près de la poupe en B, elle ſuivra la direction de la quille FB avec une viteſſe diminuée, qu'on pourra eſtimer égale à c. coſ. φ. Mais à quelque diſtance de la quille, la direction de l'eau appro-chera davantage de ſa direction naturelle XF, & cela d'autant plus qu'elle ſera plus éloignée de la quille : or, le gouvernail ayant peu d'étendue, ſi l'on ſuppoſe ſon milieu en L, qu'on mene la droite IL pa-rallele à la quille, & qu'on repréſente la direction de l'eau par la ligne iL, l'angle I L i ſera plus petit que celui de la dérive AFX $=$ φ, & la viteſſe par conſéquent plus grande que c. coſ. φ ; mais comme il n'eſt guere poſſible de rien déterminer avec préciſion ſur ce ſujet, nous prendrons quel-qu'autre angle θ moindre que φ, & ſup-poſant l'angle I L $i = θ$, nous aurons la viteſſe de l'eau $= c$. coſ. θ. La force avec la-quelle l'eau choque le gouvernail, aura donc pour expreſſion $\frac{cc.\ coſ.θ^2}{4g}$. ff. ſin. $(ζ + θ)^2$, à cauſe de l'angle d'incidence BL$i = ζ + θ$: ff exprimant la ſurface du gouvernail à cet endroit, & la ligne LS perpendiculaire à cette surface, indiquant la direction de la force.

§. 59. On voit au reste que dans cette recherche il faut recourir à quelque estime pour déterminer à-peu-près la direction de l'eau sur le point L. Ce défaut d'exactitude ne sera pas regardé comme un grand mal, si l'on considere qu'une détermination exacte ne seroit guere plus avantageuse pour la pratique, puisqu'il suffit de connoître en gros que l'eau frappera effectivement le gouvernail. Or le moment de cette force par rapport à l'axe vertical FG, en négligeant la petite portion qui dépend de l'intervalle BL, se trouvera comme ci-dessus

$$= \frac{cc.\, cof.\, \theta^2}{4g}.\, ff.\, fin.\, (\zeta+\theta)^2.\, cof.\, \zeta \times BF.$$

On voit déjà, par cette formule, que pour obtenir le plus grand effet, l'angle ζ doit être pris plus petit que $54^\circ, 44'$. Pour connoître cet angle plus exactement, on cherchera un angle $\ast$ tel que $cof.\, \ast = \frac{1}{3}\, cof.\, \theta$, & on prendra $\zeta = 90^\circ - \frac{\ast + \theta}{2}$. Au reste la dérive φ surpassant rarement 20 degrés, on pourra faire $\theta = \frac{1}{3}\, \varphi$, & la formule ne s'écartera pas considérablement de la vérité. Car θ ne surpassant pas 10 degrés, on voit qu'il n'en sauroit résulter aucune er-

reur fenfible, lors même que cet angle devroit être de quelques degrés ou plus grand,
ou plus petit. Prenant donc $\theta = 10^\circ$, on
aura $\alpha = 70^\circ, 50'$, & $\zeta = 49^\circ, 35'$. Dans
cette hypothefe le premier facteur $cc.$ cof. θ^2
n'eft pas confidérablement diminué par la
multiplication de cof. θ^2 : ainfi il feroit inutile de prétendre à un plus haut degré de
précifion.

§. 60. Si le gouvernail étoit tourné du
côté oppofé à celui de la dérive, le cas fe-　*Fig. 18.*
roit entiérement différent du précédent,
la furface du gouvernail ne pouvant alors
recevoir que l'eau qui vient d'au-delà de la
proue A, fuivant la direction A α. Or il eft
clair que fi elle confervoit fa direction, elle
ne parviendroit pas à frapper le gouvernail, quand même il feroit plus long qu'à
l'ordinaire. Mais l'eau qui a commencé à
couler fuivant la direction A α, change
peu à peu de route, & courbe fon chemin
à-peu-près felon la ligne $\alpha \zeta \gamma$, de façon
que quelques-uns de fes filets parviennent
à atteindre l'extrémité du gouvernail. Il
eft vrai que la force qui en réfulte ne peut
être que beaucoup plus petite que dans le
cas précédent. Auffi ne fait-on que trop
par l'expérience, qu'il eft prefque impoffible, en pareil cas, de faire tourner les vaif-

feaux dans le fens oppofé à la dérive, par
le moyen du gouvernail. Les Pilotes fup-
pléent ordinairement par quelques voiles ;
& il ne paroît pas comment il feroit poffible de remédier autrement à cet inconvénient, à moins qu'on ne voulût établir un
gouvernail à la proue. Mais des obftacles
abfolument infurmontables s'oppoferoient
à l'emploi de ce moyen.

§. 61. Confidérons à préfent une fection plus élevée de la carene, dont la lar-
Fig. 19. geur foit repréfentée par la ligne CD, la
longueur, comme ci-devant, par la ligne
BA, la direction du mouvement par la
droite FX, & la dérive par l'angle AFX = φ.
Cela pofé, le gouvernail BK étant tourné
du côté de la dérive, & fon obliquité étant
l'angle SBK = ζ, il eft clair que dans ce
cas l'eau peut couler plus librement fur le
gouvernail que dans la route directe, &
par conféquent qu'elle perdra moins de fa
viteffe : les déterminations que nous avons
trouvées dans le Chapitre précédent, auront encore lieu ici. Mais comme l'obliquité d'incidence de l'eau eft plus grande
dans le cas préfent, même pour la fection
la plus baffe de la carene, il s'enfuit que
pour produire le plus grand effet, l'angle ζ
doit être pris plus petit que ci-deffus ; &

peut-être fera-t-on bien de ne pas porter
cet angle SBK au-delà de 40 degrés. Cette
remarque au reste n'est pas d'une grande
utilité pour la pratique; les Pilotes sentent
bien si le vaisseau obéit au gouvernail ou
non, & quelle obliquité il convient de lui
donner pour obtenir l'effet le plus grand &
le plus prompt.

§. 62. La plus grande difficulté se rencontre lorsque le gouvernail BK est tourné
du côté opposé à la dérive. L'on voit d'a-
bord que l'eau coulant de la proue suivant
la direction A *a*, peut à peine parvenir sur
le gouvernail, quoiqu'elle courbe peu à
peu son chemin. Aussi voit-on que dans
ce cas la plupart des vaisseaux se refusent
entiérement à l'action du gouvernail, dont
l'effet seroit toujours beaucoup plus petit
que dans la route directe, quand même
l'eau parviendroit à le choquer. La figure
fait voir encore que plus le vaisseau est
court par rapport à sa largeur, & plus ce
défaut doit être sensible. Mais si la longueur du vaisseau surpasse plusieurs fois sa
largeur, & que son arriere soit bien taillé
ou façonné vers le gouvernail, de façon
que l'eau puisse aisément glisser le long des
côtés du vaisseau, son action sur le gouvernail pourra devenir assez considérable;

avantage très-confidérable de cette efpece
de vaifleaux. Auffi voyons-nous que les
conftructeurs de vaifleaux font dans l'u-
fage de rétrecir infenfiblement la figure de
la pouppe, en fupprimant prefque toute
courbure, dans la vue de procurer à leurs
vaifleaux l'excellente prérogative de bien
obéir au gouvernail. Les conftructeurs ont
encore imaginé un autre moyen très-propre à remplir le même objet : ils donnent
à la quille une pofition inclinée à l'horizon ;
de façon que la pouppe, & par conféquent
le gouvernail, font plongés à une plus
grande profondeur que l'avant du vaifleau.
Par ce moyen, l'eau arrive fur le gouvernail, & le choque dans fa partie inférieure
avec plus de liberté. Il eft encore en ce cas
une circonftance qui facilite l'action du
gouvernail, c'eft que dans les routes où la
dérive fe trouve, par exemple, à ftribord,
le vaifleau penchant très-confidérablement
de ce côté, il arrive que la quille fe trouve
beaucoup plus à découvert à bas-bord ; de
forte que le corps du vaifleau n'empêche
plus tant les eaux d'arriver fur le gouvernail.

§.63. Au refte il eft bon d'avertir encore,
que ce que nous avons dit fur la plus grande
action du gouvernail, ne doit pas être regardé comme une regle néceffaire au point
qu'on

qu'on doive la fuivre dans tous les cas où
l'on a befoin du gouvernail. Car tant qu'un
vaiffeau doit tenir la même route, l'emploi du gouvernail ne devient néceffaire
que quand la direction du vaiffeau a été un
peu changée par quelqu'accident ; de forte
qu'il ne s'agit que de le remettre à route.
Or une très-petite action du gouvernail eft
le plus fouvent fuffifante pour produire cet
effet ; & ce feroit mal-à-propos que dans
un tel cas on chercheroit à donner au gouvernail la fituation requife pour produire le
plus grand effet. Ce n'eft donc que quand
il eft queftion de faire tourner brufque-
ment le vaiffeau, qu'on doit recourir à l'action la plus efficace du gouvernail. Il faut
examiner à préfent le mouvement de rotation que l'action du gouvernail imprime
au vaiffeau, & de quelle maniere elle l'imprime. C'eft ce qui fera le fujet du Chapitre fuivant.

CHAPITRE IX.

*Sur le mouvement de rotation que l'action
du gouvernail imprime aux vaisseaux.*

§. 64. POUR déterminer le mouvement
de rotation imprimé à un vaisseau autour
de son axe vertical par l'action du gouvernail, il faut, avant toutes choses, bien déterminer le moment de cette force par rapport à l'axe vertical du vaisseau. Or nous
venons de voir que ce moment est toujours exprimé par une formule de cette for-
me : $\frac{m \cdot cc}{45}$. ff. BF ; ff désignant la surface
du gouvernail, BF la distance du gouver-
nail à l'axe vertical du vaisseau, c la vitesse
du vaisseau, & m un co-efficient numérique, provenant de l'obliquité du gouvernail, de la dérive du vaisseau, & de la
figure de la pouppe; ensorte que cette formule renferme quatre dimensions linéaires,
trois desquelles donnent un volume d'eau,
dont le poids représente la force, & cette
force multipliée par la quatrieme ligne,
donne ce qu'on appelle le moment de force.
On voit de-là que ce moment est toujours
proportionnel au quarré de la vitesse; de
façon que plus le mouvement du vaisseau

eſt rapide, plus l'effet du gouvernail deviendra grand : un vaiſſeau en repos eſt en effet
inſenſible au gouvernail. Il eſt également
évident que cette force eſt proportionnelle
à la ſurface du gouvernail ff; enfin elle
l'eſt encore à la diſtance BF, d'où l'on voit
que plus cette diſtance eſt grande, ou plus
la longueur du vaiſſeau ſurpaſſe ſa largeur,
plus l'action du gouvernail eſt efficace. Les
vaiſſeaux longs, outre les avantages que
nous leur avons déjà remarqués, auront
donc encore celui d'être plus ſenſibles au
gouvernail.

§. 65. Mais la connoiſſance de ce moment ne ſuffit pas pour nous mettre en état
de déterminer le mouvement imprimé au
vaiſſeau, on a beſoin encore d'un autre
élément tiré de la maſſe même du vaiſſeau, de la même maniere que, s'il s'agiſſoit du mouvement progreſſif, il faudroit,
pour avoir ce qu'on nomme accélération,
diviſer la force mouvante par la maſſe du
corps. Mais étant queſtion ici d'un mouvement de rotation, il faut diviſer le moment de force par une quantité qu'on
nomme le moment d'inertie du corps par
rapport à l'axe de rotation. Or, ſelon les
regles de la méchanique, ce moment d'i-
nertie ſe trouve en multipliant toutes les

masses ou poids dont le vaisseau est composé, chacune par le quarré de sa distance à
l'axe de rotation. Multipliant donc tous les
poids du vaisseau, chacun par le quarré de
sa distance à l'axe vertical FG, il en résultera un produit du poids entier du vaisseau M par le quarré d'une certaine distance moyenne entre les plus grandes &
les plus petites distances; nous supposerons
cette distance $= k$, de façon que le moment d'inertie en question sera $= Mkk$.
Ou bien réduisant le poids du vaisseau à
un volume d'eau, comme nous avons fait
pour le moment de force, on écrira au
lieu de M le volume de la partie submergée ou de la carene, indiqué ci-dessus par
la lettre V; de sorte que notre moment
d'inertie sera $= V.kk$. Cette formule renferme donc cinq dimensions linéaires.

§. 66. Maintenant, pour trouver l'accélération dans le mouvement de rotation,
il faut, selon les regles de la méchanique,
multiplier le moment de force par $2g$ ou
par le double de la hauteur, dont les corps
tombent librement dans une seconde, &
diviser ce produit par le moment d'inertie du vaisseau; de maniere que cette accélération sera exprimée par cette formule
$\therefore \frac{\alpha\epsilon\epsilon ff.\, BF}{V.kk}$, laquelle ayant en haut & en

bas cinq dimensions linéaires, donne une fraction numérique, qui exprime le sinus de la vitesse angulaire engendrée dans une seconde: il faut observer que nous mesurons une vitesse angulaire par l'angle qu'elle est capable de faire parcourir dans une seconde. De-là on comprend que l'angle dont le vaisseau sera tourné dans la premiere seconde, sera la moitié de la vitesse angulaire que nous venons de trouver. Quant au mouvement suivant, on sait que les vitesses angulaires acquises feroient proportionnelles aux tems, & les angles parcourus par la rotation, aux quarrés des tems écoulés, si le vaisseau ne rencontroit aucune résistance, & que la force mouvante demeurât la même.

§. 67. Mais aussi-tôt que le vaisseau commence à tourner, & que par conséquent sa direction ainsi que sa vitesse souffrent quelque changement, il est clair que la force de l'eau sur le gouvernail ne sera plus la même; d'où il suit que le mouvement de rotation ne peut plus être déterminé par le même moment de force. De plus, le vaisseau tournant autour de son axe, rencontre dans l'eau une résistance qui tend à diminuer ce mouvement. Cependant, tant que ce mouvement est encore

très lent, le changement dans la force &
la réſiſtance ne ſauroit être ſenſible, &
l'on peut, pour le petit tems d'une ſeconde,
regarder le mouvement engendré comme
d'accord avec notre formule; de ſorte qu'à-
près une ſeconde la viteſſe de rotation ſera
à-peu-près la même que celle que nous venons d'aſſigner. Mais il ne s'agit pas tant
ici d'une meſure abſolue de ce mouvement, que de la proportion qui a lieu à cet
égard dans les différentes eſpeces de vaiſſeaux : ainſi connoiſſant le rapport entre
les quantités ff, BF, V, & kk, pour deux
vaiſſeaux différens, & les viteſſes c avec
leſquelles ils cinglent dans des circonſtances ſemblables, on eſt en état de juger lequel de ces deux vaiſſeaux obéira mieux à
l'action de ſon gouvernail, & de déterminer le rapport qui aura lieu entre les viteſſes de rotation, avec leſquelles chacun
tournera autour de ſon axe vertical.

§. 68. Pour développer la nature de ce
rapport nous ferons, comme ci-deſſus, la
longueur de la carene à la flottaiſon $= a$,
la largeur $= b$, & la profondeur $= c$, le
volume de la carene V ſera à-peu-près
proportionnel au produit abc. Le quarré
kk dépend tant de la longueur a que de la
largeur b ; ainſi, on ne ſe trompera guere

en le supposant proportionnel au produit *ab*. Quant au gouvernail, ses dimensions se reglent ordinairement sur la largeur du vaisseau ; & comme la profondeur *e* en est la principale, on peut regarder la surface *ff* comme proportionnelle au produit *be*. Enfin, l'intervalle BF est évidemment proportionnel à la longueur *a*. Il suit de-là, que la vitesse de rotation engendrée dans une seconde ou dans un autre petit intervalle de tems, est proportionnelle à cette formule $\frac{uee}{ab}$: le co-efficient *u* renfermant les petites différences causées par la diversité des constructions & des routes. Il paroît, par cette formule, que le mouvement de rotation suit la raison directe du quarré de la vitesse du sillage, & l'inverse du produit *ab*, ou de l'aire de la section d'eau. Ainsi de deux vaisseaux parfaitement semblables, dont l'un a toutes ses dimensions deux fois plus grandes que l'autre, la vitesse de rotation du plus grand sera quatre fois plus petite que celle du plus petit, bien entendu que la vitesse du sillage est la même dans les deux vaisseaux.

§. 69. Nous terminerons cette partie en disant un mot de la force que le Pilote doit employer pour maintenir le gouvernail dans

une obliquité donnée. Pour cet effet, foi[t]
l'obliquité du gouvernail KBS $= \zeta$, à laquelle l'obliquité d'incidence de l'eau fu[r]
fa furface eft à-peu-près égale; la force ave[c]
laquelle il eft frappé, fera $= \frac{cc}{4g} ff$ fin. ζ^2
Multipliant cette quantité par l'intervalle
BL $= l$, le point L étant le centre du gouvernail, on aura le moment par rapport à
l'axe B, autour duquel le gouvernail eft
mobile. Le Pilote doit donc employer une
force telle qu'étant appliquée à la barre
du gouvernail, elle produife un moment
$= \frac{cc}{4g} \cdot ffl$ fin. ζ^2; d'où l'on voit que le
moment de force du Pilote eft proportion-
nel, 1°. au quarré de la viteffe du vaiffeau;
2°. à la furface du gouvernail; 3°. à l'intervalle BL; & 4°. au quarré du finus de l'o-
bliquité à laquelle il veut maintenir le gouvernail.

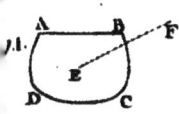

Fig. 1.

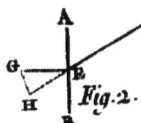

Fig. 2.

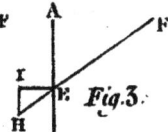

Fig. 3.

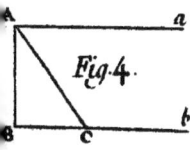

Fig. 4.

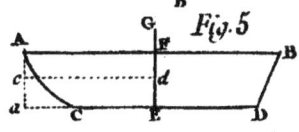

Fig. 5.

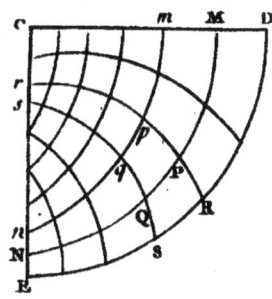

Fig. 9.

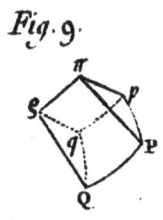

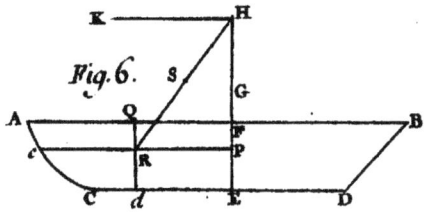

Fig. 6.

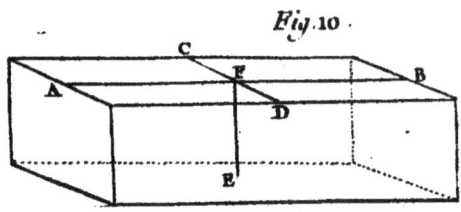

Fig. 10.

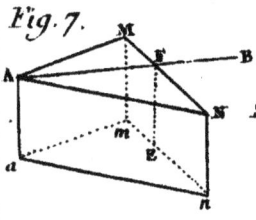

Fig. 7.

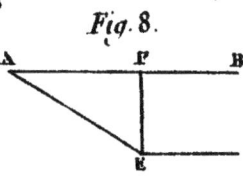

Fig. 8.

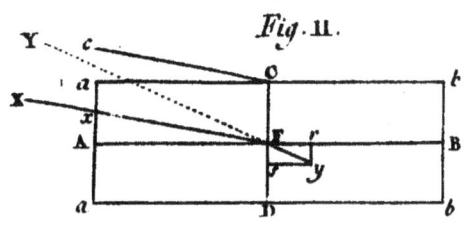

Fig. 11.

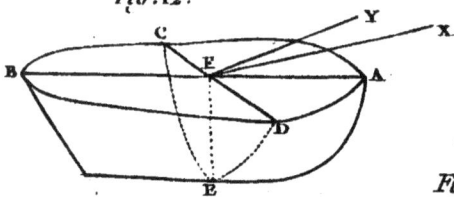

Fig.12.

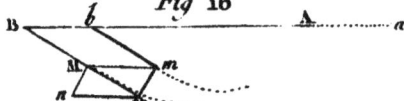

Fig. 16

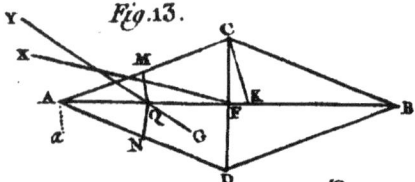

Fig.13.

Fig 17

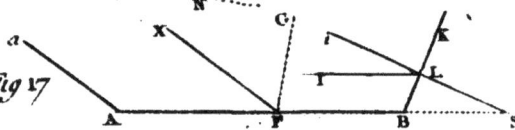

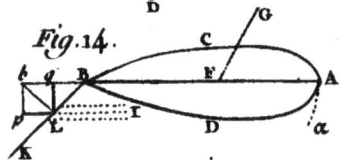

Fig.14.

Fig.18.

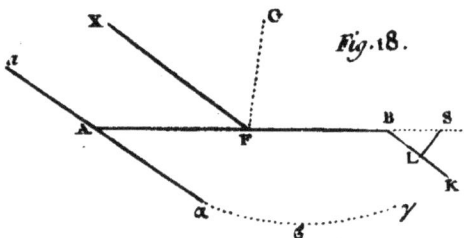

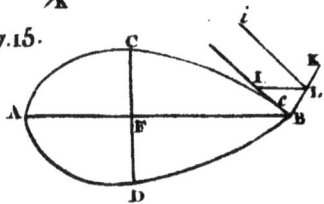

Fig.15.

Fig.19.

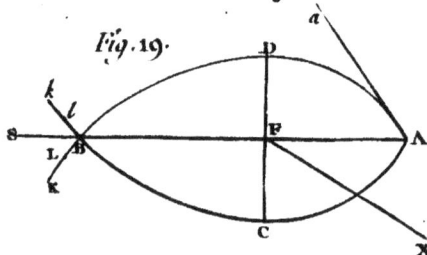

4

TROISIEME PARTIE,

De la Mâture & de la Manœuvre des Vaisseaux.

CHAPITRE PREMIER.

Sur les voiles & la force du vent.

§. 1. L'AIR est une matiere fluide, semblable à l'eau, mais beaucoup plus subtile. Les expériences nous ont appris que la denfité de l'air est environ 800 fois moindre que celle de l'eau ; c'est-à-dire, que le poids d'un espace ou volume d'air est 800 fois plus petit que celui d'un espace ou volume égal d'eau. Il suit de-là, que lorsque l'air choque une surface quelconque avec une certaine vîtesse, son effet est 800 fois plus petit que si elle étoit choquée par l'eau avec la même vîtesse. Ce rapport entre les densités de l'air & de l'eau étant connu, on peut assigner l'effort qu'une surface plane supposée $= ff$, soutient lorsqu'elle est frappée perpendiculairement par un vent dont la vîtesse $= c$: car ayant vu que si la même surface étoit frappée par l'eau mue avec la même vîteffe, la force feroit égale au poids d'un volume d'eau $= \frac{ccff}{4g}$. Il eft clair que la force du vent fera égale au poids d'un volume d'eau $= \frac{ccff}{800. 4g}$, il faut fe rappeller que g défigne la hauteur d'où les corps tombent librement dans une feconde, & que nous mefurons toujours les vîteffes par les efpaces qu'elles feroient parcourir dans une feconde. Nous avons déterminé précédemment la force de la réfiftance par le poids d'un volume d'eau, nous pourrons de même exprimer la force du vent par de femblables volumes d'eau.

§. 2. Comme il n'eft pas facile de s'affurer, par obfervation, de la vîteffe du vent ou de l'efpace qu'il parcourt dans une feconde, & que d'ailleurs le vent peut changer à tout moment, feu M. *Bouguer* a imaginé un inftrument affez fimple, au moyen duquel on peut connoître avec affez de précifion la force que le vent exerce fur une furface donnée. Cet inftrument eft un tuyau creux AABB, au-dedans duquel eft un reffort tourné en fpirale CD, qui fe laiffe comprimer plus ou moins, par une verge FSD qu'on fait entrer par un trou dans le tuyau en AA, obfervant enfuite à

Fig. 1.

quel degré différentes forces ou poids donnés font capables de comprimer la fpirale,
on marque fur la verge des divifions ; de
façon que celle qu'on voit en S, indique le
poids requis pour poufler le reſſort dans l'é-
tat CD. On joint enfuite perpendiculairement à cette verge en F une furface plane
EFE d'une étendue donnée, comme d'un
pied quarré, ou plus grande, felon qu'on
le juge à propos. L'inſtrument ainfi difpofé
eſt dirigé vers le vent de façon que la furface qui y eſt adaptée en foit frappée perpendiculairement ; & la marque en S indi-
quera le poids auquel la force du vent eſt
équivalente : il fera enfuite aifé de réduire
ce poids à un volume d'eau, comme nous
avons fait jufqu'ici, pour exprimer toutes
les forces. On voit de-là que rien n'eſt plus
aifé que de déterminer la force que le même
vent exerce fur une furface quelconque
fur laquelle il fouffle perpendiculairement.

§. 3. Il en eſt de même lorfque le vent
frappe obliquement une furface plane ; la
force du choc diminue en raifon du quarré
du finus de l'obliquité. Ainfi, fi la furface
eſt $= ff$, la viteſſe du vent $= c$, & l'o-
bliquité $= \theta$, la force fera égale au poids
d'une maſſe d'eau dont le volume eſt
$\frac{1}{100} \cdot \frac{cc}{4k} \cdot ff \cdot \text{fin. } \theta^2$. La direction de cette

force étant perpendiculaire à la surface, & passant par son centre de gravité. Au moyen de cette formule on trouvera aisément la force que le vent exerce sur les voiles, en supposant que les voiles font tellement tendues, que leur surface peut être regardée comme un plan dont l'aire soit $= ff$. Pour nous former de ceci une idée plus claire, considérons une voile bien tendue, dont la surface soit un pied quarré ; c'est-à-dire, que $ff = 1$, qui soit frappée perpendiculairement par le vent, & dont la vitesse soit de dix pieds par seconde, notre formule donnera en ce cas $\frac{1}{200} \cdot \frac{100}{64}$ pieds cubiques, à cause de $g = 16$. Cette fraction est $= \frac{1}{510}$, ou en parties décimales, 0,00195. Si la vitesse du vent étoit de 20 pieds par seconde, la force seroit $\frac{1}{128}$ d'un pied cubique ; si elle étoit de 30 pieds, cette force seroit $\frac{1}{57}$. Enfin si le vent parcouroit 40 pieds par seconde, la force seroit la 32me partie d'un pied cubique, dont le poids est un peu plus que de deux livres.

§. 4. Or on ne sauroit jamais tendre les voiles au point que leurs surfaces deviennent planes, sur-tout quand le vent est fort, & qu'il les frappe presque perpendiculairement. Car dans ce cas les voiles sont courbées plus ou moins, selon une figure

que les Géometres ont réussi à déterminer.
Mais il importe fort peu pour notre dessein,
de connoître cette figure ; il suffit de remarquer que plus une voile reçoit de courbure, plus la force du vent en est diminuée ; & cela par la même raison qu'une
proue courbée ou même pointue, souffre
une beaucoup plus petite résistance qu'une
proue plate. On a trouvé même que si la
courbure d'une voile approchoit de celle
d'un hémisphere, la force du vent seroit
réduite à la moitié de celle qu'il exerceroit sur la surface d'un grand cercle de la
même sphere ; & comme la surface du grand
cercle est deux fois plus petite que celle de
l'hémisphere, il s'ensuit qu'une voile courbée en hémisphere ne reçoit du vent que
la quatrieme partie de l'impulsion qu'elle
recevroit si elle étoit plane. Il faut donc
employer tous les moyens pour empêcher,
ou pour diminuer au moins, la courbure
des voiles, autant que les circonstances le
permettront. Or, comme il est toujours
possible de concevoir une voile plane, qui
produiroit la même force qu'une courbée,
nous ne nous embarrasserons plus de la
courbure des voiles, & dans les recherches suivantes, nous les regarderons toutes
comme parfaitement planes, en les supposant à proportion plus petites.

§. 5. Nous avons considéré jusqu'à présent la voile comme étant en repos ; mais si elle a aussi un mouvement comme celui du vaisseau sur lequel elle est déployée, il en résulte souvent un changement assez considérable dans la force que le vent exerce sur elle. Supposons que la voile soit portée suivant une certaine direction avec la vitesse $= v$, & que le vent souffle selon la même direction avec une vitesse plus grande $= c$, il est clair que le vent agira de la même maniere sur la voile, que si la voile étoit en repos, & que le vent la frappât avec une vitesse $= c - v$; & si la vitesse du vent c étoit moindre que celle de la voile, elle seroit frappée par l'air du côté opposé. Or, si la direction du vent étoit contraire à celle du mouvement de la voile, le choc se feroit avec une vitesse $= c + v$: d'où l'on voit qu'il faut bien distinguer dans la navigation la vraie vitesse & la vraie direction du vent, de la direction & de la vitesse avec laquelle il agit sur les voiles emportées par les vaisseaux. Nous nommerons vent apparent celui qui agit sur les voiles en mouvement, pour le distinguer du vent vrai, qui frapperoit les voiles si elles étoient en repos.

§. 6. Pour expliquer cette différence en

Fig. 2.

général, foit la ligne ST la direction & la
viteſſe dont la voile eſt emportée ; de forte
que cette ligne ST eſt l'eſpace qui en eſt
parcouru dans une feconde. Suppoſons enſuite que le vent ſouffle dans la direction
VS avec une viteſſe exprimée par cette
même ligne VS, laquelle repréſente par
conſéquent le vent vrai. Cela poſé, il s'a-
git de trouver le vent apparent, ou celui
qui agiroit ſur la voile en repos, de la même
maniere que le vent vrai agit ſur la voile
en mouvement. Pour réſoudre cette queftion, imaginons que tout le ſyſtême a un
mouvement contraire & égal à celui du
vent, enſorte que le tout ſoit emporté ſelon la direction SV avec une viteſſe repré-
ſentée par cette même ligne. Dans cette
ſuppoſition l'air ſera réduit au repos, & la
voile aura un mouvement compoſé de ſon
propre mouvement ST, & du mouvement
ſuivant SV. Achevant donc le parallélogramme STvV, la diagonale Sv repréſentera le mouvement de la voile dans un air
tranquille ; & l'action que la voile ſoutien-
dra ſera la même que ſi elle étoit en repos, & que le vent vînt la frapper ſuivant
la direction & avec la viteſſe vS ; de forte
que cette diagonale vS repréſente parfaitement ce que nous nommons vent apparent.

§. 7. Nous venons de voir que la ligne ST exprimant le mouvement de la voile, & la ligne VS celui du vent vrai, le vent apparent est représenté par la diagonale vS. Pour trouver maintenant son action sur la voile, on regardera la voile comme étant en repos & frappée par le vent désigné par cette ligne vS; & il ne faudra plus qu'appliquer à ce cas les formules que nous avons données ci-dessus, pour déterminer la force que le vent vrai VS exerce sur la voile emportée par son mouvement ST. Cela posé, nommant la vitesse de la voile ST $= v$, celle du vent vrai VS $= c$, & l'angle VST $= \zeta$, la vitesse du vent apparent vS sera $\sqrt{(cc + 2cv. \cos. \zeta + vv)}$. Pour en trouver la direction on a sin. vST

$$= \frac{v \sin. \zeta}{\sqrt{(cc + 2cv \cos. \zeta + vv)}} :$$ d'où l'on déduit tang. $vST = \frac{v \sin. \zeta}{c + v \cos. \zeta}$. Pareillement connoissant le vent apparent $vS = u$, le mouvement de la voile ST $= v$, & l'angle $vST = *$, on pourra déterminer le vent vrai : car on trouvera sa vitesse $= c = \sqrt{(uu - 2uv. \cos. * + vv)}$, & ensuite Tang. $\zeta = - \frac{u \sin. *}{v - u \cos. *}$.

§. 8. Nous avons ici une remarque importante à faire, c'est que ceux qui se trouvent

vent fur un vaiffeau en mouvement, n'obfervent jamais le vent vrai, mais toujours
l'apparent qui répond au mouvement du
vaiffeau. Les girouettes même & les pavil-
lons n'indiquent que ce vent apparent, &
l'inftrument rapporté ci-deffus n'indique
de même que la force du vent apparent.
Ainfi, quand il s'agit de déterminer la force
que le vent exerce fur les voiles d'un vaiffeau, on n'a qu'à obferver, fur le vaiffeau
même, la direction & la viteffe du vent,
& l'on aura, par les formules données ci-
deffus, le vent apparent qui agit de la même
maniere fur les voiles que fi elles étoient en
repos. Cette différence entre le vent vrai
& l'apparent, rend raifon d'un phénomene
qui ne peut que paroître très - fingulier,
c'eft que deux vaiffeaux qui paffent l'un
devant l'autre en mer, obfervent des vents
différens, quoique le même vent vrai fouffle également fur l'un & l'autre. Car foit
ST le mouvement de l'un de ces deux vaif- *Fig. II*
feaux, & S' T' le mouvement de l'autre,
pendant que tous les deux font pouffés par
le même vent vrai VS ou V'S'; fi l'on
mene les diagonales v S & v' S', les girouettes du premier vaiffeau marqueront
le vent v S, & celles de l'autre vaiffeau
le vent v' S', & il peut arriver que ces

deux vents different entr'eux de quelques points (*)

CHAPITRE II.

Sur la mâture des vaiſſeaux, & ſur la forme de la proue, que l'action des voiles exige.

§. 9. Il n'eſt pas néceſſaire d'entrer ici dans le détail de tout ce qui regarde les mâts & la maniere dont ils portent les voiles : il ſuffit, pour notre objet, de remarquer qu'on tâche de remplir de voiles, autant qu'il eſt poſſible, tout l'eſpace au-deſſus des vaiſſeaux, afin de tirer du vent tous les efforts poſſibles pour mettre le vaiſſeau en mouvement. C'eſt dans cette vue qu'on établit pluſieurs mâts ſur les vaiſſeaux pour recevoir des voiles dans toute leur hauteur, donnant à ces voiles autant de largeur que la grandeur du vaiſſeau le permet. Souvent on place auſſi des voiles entre les mâts, ainſi que vers la proue & vers la pouppe, pour augmenter, autant qu'il eſt poſſible, les ſurfaces ſur leſquelles

_____

(*) Le point, chez les Navigateurs, eſt un angle de 22½ degrés, ou la huitieme partie d'un angle droit.

le vent puiſſe exercer ſon action. Mais, quelque grand que puiſſe être le nombre des mâts & celui des voiles, on peut toujours concevoir une ſeule voile qui, étant frappée par le vent, produiroit le même effet que toutes les voiles priſes enſemble ; de ſorte que tout ſe réduit à aſſigner, tant la grandeur de cette voile équivalente, que le lieu de ſon application.

§. 10. On voit d'abord que la ſurface de cette voile équivalente, doit égaler la ſomme de toutes les ſurfaces des voiles actuelles que nous conſidérons comme planes & paralleles entr'elles ; n'y ayant aucune raiſon pour orienter les voiles différemment les unes des autres, & que les beſoins de la navigation demandent toujours que toutes les voiles ſoient expoſées également à l'action du vent ; à moins qu'on ne veuille excepter quelques petites voiles que les Pilotes tiennent à leur diſpoſition pour ſuppléer à l'action du gouvernail, lorſque les circonſtances l'exigent. Ainſi notre voile équivalente ſera toujours parallele aux voiles actuelles, & ſa ſurface égale à la ſomme de leurs ſurfaces. Il y a encore une conſidération à ajouter, c'eſt qu'on ne doit comprendre dans cette ſomme que les ſurfaces des voiles qui ſont actuellement frappées par le vent, & qu'il en faut exclure celles où le vent ne sauroit parvenir, parce qu'elles sont couvertes par d'autres voiles antérieures ; c'est ce qu'il est aisé de reconnoître par la disposition des voiles relativement à la direction du vent. Si le vaisseau, par exemple, a le vent arriere, il n'y a que les voiles du dernier mât qui en reçoivent l'action, celles des mâts plus avancés vers la proue ne pouvant recevoir que quelques souffles qui s'échappent entre les voiles qui les couvrent.

§. 11. Ayant fixé l'idée de la voile équivalente, & sa grandeur, nous observerons que la direction de la force que le vent exerce sur elle, passe toujours par le centre de gravité de sa surface, & y est perpendiculaire. Ce point de la derniere importance, est celui que feu M. *Bouguer* a nommé le centre vélique, & ne differe pas du centre de gravité de la voile équivalente. C'est par ce point que passe la moyenne direction de toutes les forces avec lesquelles le vent agit sur toutes les voiles actuelles. Il est donc très-essentiel de bien connoître le lieu du centre vélique. On voit d'abord que ce centre se trouve quelque part, dans le plan diamétral du vaisseau continué en haut, toutes les voiles se trouvant ordinairement partagées également de part & d'autre de ce plan, la détermination de ce point dépend par conséquent de deux élémens, dont l'un eft fon élévation au-deſſus du vaiſſeau, ou plutôt au-deſſus du niveau de la mer, & dont l'autre eſt la ſituation du point du grand axe ſur lequel tombe la perpendiculaire menée du centre véli-que. Nous avons déjà démontré, dans la Partie précédente, que ce point doit être un peu plus près de la proue que de la pouppe.

§. 12. Connoiſſant la ſituation & la grandeur de toutes les voiles actuelles, les principes de la Statique fourniſſent les re-gles ſuivantes pour déterminer le vrai lieu du centre vélique. Suppoſant la ſurface d'une voile quelconque $= K$, & l'éléva-tion de ſon centre de gravité au-deſſus de la mer $= h$, laquelle élévation eſt meſurée par la perpendiculaire tirée de ce point à la ſurface de la mer, ſoit la diſtance de cette ligne à la pouppe $= l$, & que pour toutes les autres voiles ces mêmes quantités ſoient exprimées par ces lettres K', h', l'; K'', h'', l'', &c. Cela poſé, la hauteur du centre vélique ſera . . . .

$$\frac{Kh + K'h' + K''h'' + K'''h''' + \&c.}{K + K' + K'' + K''' + \&c.},$$ & l'éloi-gnement de ce point depuis la pouppe du

vaisseau $\dfrac{Kl + K'l' + K''l'' + K'''l''' + \&c.}{K + K' + K'' + K''' + \&c.}$

On voit au reste que la hauteur du centre vélique dépend principalement de la hauteur des mâts qu'on ne sauroit augmenter au-delà de certaines bornes indiquées par la grosseur des vaisseaux, & par leur destination. Or les hautes voiles étant ordinairement beaucoup plus petites que les basses, il est évident que le centre vélique ne tombe pas au milieu de la hauteur qu'occupent les voiles, mais toujours un peu plus bas. De-là il est aisé de comprendre comment les voiles actuelles doivent être disposées, afin que le centre vélique tombe dans un point donné. Nous considérerons donc comme donnés, tant le lieu du centre vélique, que la grandeur de la voile équivalente, & nous en tirerons les regles pour perfectionner la manœuvre des vaisseaux.

§. 13. Soit la section diamétrale d'un vaisseau représenté dans la quatrieme figure, la ligne AB étant la flottaison ou le grand axe de la carene, la ligne LEH la quille, le point G le centre de gravité du vaisseau, & le point W le centre vélique, plus élevé que G de l'intervalle Wg, & plus avancé vers la proue de l'espace Gg ou Ff. Cela posé, puisque la direction de la force du vent passe par le centre vélique W, & que la surface de la voile équivalente est ordinairement aussi grande que les circonstances le permettent, il en doit résulter un très-grand moment de force pour faire incliner le vaisseau ; & ce moment sera d'autant plus grand que le centre vélique est plus élevé au-dessus du centre de gravité G. Dans les routes directes, où l'on peut employer toutes les forces du vent, ce moment de force inclinera le vaisseau vers la proue ; & quoique la stabilité, par rapport à cette inclinaison, soit la plus grande, une telle inclinaison troublera beaucoup le mouvement du vaisseau. Pour prévenir cet effet, il faudroit que la résistance de la proue fournît un moment de force semblable en sens contraire : ce qui arrivera lorsque la moyenne direction de la résistance passe par le même centre vélique W. Car soit WR la force de la résistance qu'on décomposera suivant la direction horizontale Ws, & la verticale Wu, celle-là est détruite par la force du vent ; de sorte qu'il n'en résulte plus aucun moment pour incliner le vaisseau. L'autre force où la verticale Wu produit un double bon effet, en ce qu'elle pousse le vaisseau en haut, ou en diminue le poids, & par conséquent la profondeur de la carene, & en ce qu'étant appliquée à l'avant du centre de gravité G, elle tend à élever la proue; de sorte que quand même le centre vélique W seroit encore plus élevé, il n'y auroit rien à craindre de son élévation. Ce bon effet pourroit être encore augmenté en donnant aux voiles mêmes quelque petite inclinaison à l'horizon; ensorte que la force du vent poussât aussi un peu vers le haut.

§. 14. La moyenne direction de la résistance passeroit toujours par le centre vélique W, si la surface de la proue étoit une portion de sphere décrite du centre W avec le rayon WH ou WA. Car toutes les directions perpendiculaires à la surface de la proue, passant alors par le même point W, tous les efforts élémentaires de l'eau se réuniroient aussi dans le même point, & par conséquent leur moyenne direction WR passeroit par ce point; & cela arriveroit non-seulement dans les routes directes, mais encore dans les routes obliques, bien entendu que ce ne seroit que ladite portion de sphere qui recevroit le choc de l'eau. Mais comme d'autres raisons ne permettent point qu'on donne à la proue entiere une telle figure, il sera toujours très-avantageux qu'au moins l'étrave HA soit un arc de cercle décrit du centre vélique W.

On tire de-là une regle bien facile pour donner, dans tous les cas proposés, à l'étrave HA la figure la plus convenable depuis l'extrémité de la quille H jusqu'à celle de la carene A. Car pour la partie audessus de l'eau, il conviendra toujours de lui donner une direction à-peu-près verticale, afin que, dans les tempêtes, les flots de la mer aient moins de prise sur elle pour tourmenter le vaisseau.

§. 15. On se procurera les mêmes avantages dans les routes directes, en donnant à la proue la figure d'un solide rond, engendré par la rotation de quelque figure autour du point W, ou plutôt autour d'un axe horizontal, tiré par ce point, & parallele à l'axe transversal du vaisseau. Pour donner à la proue une telle figure, on coupera le vaisseau par un plan perpendiculaire à celui de la figure, & passant tant par le point W, que par l'extrémité de la quille H; faisant tourner la figure de cette section autour d'un axe horizontal passant par W, on aura la figure qu'il faut donner à la partie submergée de la proue : car pour la partie au-dessus de l'eau, on est le maitre de lui donner la figure que les besoins & les circonstances peuvent exiger.

§. 16. Quoique les avantages d'une telle figure n'appartiennent proprement qu'aux routes directes, on ne laissera pas d'en tirer beaucoup d'utilité dans les routes obliques. Car bien que le moment qui tend à incliner le vaisseau ne soit pas entiérement détruit, il l'est cependant en partie; le peu qui en reste tend à faire incliner le vaisseau vers un côté: ce moment qui résulte de la force du vent, & qui, dans les routes obliques, pousse le vaisseau de côté, est d'autant moins considérable que le vent frappe plus obliquement. Cela n'empêche pas qu'il ne faille toujours s'occuper essentiellement d'augmenter, autant qu'il est possible, la stabilité des vaisseaux par rapport à leur grand axe. Nous avons déjà fait voir que le moyen le plus sûr pour remplir cet important objet, est d'augmenter la largeur de la carene par rapport au tirant d'eau. On y parvient encore en donnant plus de longueur aux vaisseaux; la profondeur de la carene peut gagner par-là quelque diminution, en supposant que le poids entier du vaisseau demeure le même, ou reçoit un moindre accroissement que la longueur.

§. 17. La construction que nous venons de donner pour l'étrave, est extrêmement simple & aisée à exécuter. Cependant il ne

fera pas inutile de donner ici quelques formules pour déterminer l'élancement & l'o-
bliquité de la partie de l'étrave qui entre
dans l'eau. Pour cela nous ferons, comme
ci-deſſus, la longueur de la carene $AB = a$, Fig. A
la largeur $= b$, la profondeur ou le tirant
d'eau $EF = e$, & l'élévation du centre vélique W au-deſſus de la flottaiſon $Wf = h$.
On a vu précédemment qu'il faut pren-
dre l'intervalle $Af = \frac{1}{5} a$; ce qui donne
$Ff = \frac{1}{10} a$, en ſuppoſant le point F au milieu de l'axe AB; d'où on aura encore
$We = h + e$, & $Ee = \frac{1}{10}. a$. Cela poſé,
le triangle rectangle AWf, donne AW^2
$= hh + \frac{4}{25} aa$, quantité égale au quarré
de la ligne WH. Retranchant donc de
cette quantité le quarré de la hauteur
$We = hh + 2eh + ee$, on aura eH^2
$= \frac{4}{25} aa - 2eh - ee$; & partant EH
$= \frac{1}{10} a + \sqrt{\frac{4}{25} aa - 2eh - ee}$. La valeur de EH étant connue, le point H de la
quille, où l'étrave commence, eſt déterminé; & retranchant la longueur EH du
demi-axe $AF = \frac{1}{2} a$, on aura l'élancement
de l'étrave $Ah = \frac{1}{5} a - \sqrt{\frac{4}{25} aa - 2eh - ee}$,
ſa hauteur étant $Hh = e$.

§. 18. Développons cette formule pour
les différentes eſpeces de vaiſſeaux qui ſont
en uſage : il paroît d'abord qu'on peut ſup-

poser en général $Wf = h = 4e$, ou la hauteur entiere $We = 5e$; une petite différence dans cet élément n'étant d'aucune conséquence. Suppofons ensuite la largeur $b = \frac{1}{2}e$ comme la ftabilité l'exige; & enfin foit $a = nb = \frac{1}{2}ne$, le nombre indéterminé n renfermant les différentes efpeces de vaiffeaux. Cela pofé, l'élancement de l'étrave deviendra $Ah = ne - e\sqrt{nn - 9}$. Subftituant fucceffivement pour n les nombres $3, 3\frac{1}{2}, 4, 4\frac{1}{2}, 5, 5\frac{1}{2}, 6$, on trouvera, pour les fept efpeces de vaiffeaux, les élancemens de l'étrave, comme il fuit :

I°. Si $a = 3b$, on aura $Ah = 3e$,
　　& $a = 7\frac{1}{2}e$.

II°. Si $a = 3\frac{1}{2}b$, on aura
　　$Ah = 3,5.e - e\sqrt{3,25} = 1,691.e$,
　　& $a = 8\frac{3}{4}e$.

III°. Si $a = 4b$, on aura
　　$Ah = 4b = e\sqrt{7} = 1,355.e$,
　　& $a = 10.e$.

IV°. Si $a = 4\frac{1}{2}b$, on aura
　　$Ah = 4,5.e - e\sqrt{11,25} = 1,146.e$,
　　& $a = 11\frac{1}{4}.e$.

V°. Si $a = 5b$, on aura
　　$Ah = 5.e - e\sqrt{16} = e$,
　　& $a = 12\frac{1}{2}.e$.

VI°. Si $a = 5\frac{1}{2}b$, on aura
$$Ah = 5,5.e — e\sqrt{21,25} = 0,891.e,$$
$$\& \ a = 13\frac{1}{4}.e$$

VII°. Si $a = 6b$, on aura
$$Ah = 6.e — e\sqrt{27} = 0,812.e,$$
$$\& \ a = 15.e$$

D'où l'on voit que plus les vaisseaux sont longs, plus l'élancement de l'étrave doit être petit, à moins qu'on ne veuille hausser davantage le centre vélique W dans les plus longs vaisseaux.

CHAPITRE III.

Sur le mouvement des vaisseaux dans leurs routes directes.

§. 19. POUR qu'un vaisseau puisse cingler suivant la direction de son grand axe ou de sa quille, il faut que la force qui le pousse agisse suivant la même direction : toutes les voiles doivent donc être telle- ment disposées, que leurs plans soient per- pendiculaires au grand axe du vaisseau, afin que les directions des forces qu'elles reçoi- vent de l'impulsion du vent, deviennent *Fig. 31* parallèles au même axe. Soit AB le grand axe du vaisseau, A la proue, & B la poupe;

& que la ligne SF*s* perpendiculaire à cet
axe repréfente la voile équivalente dont la
furface $= ff$. Cela pofé, le vaiſſeau, dans
cette difpofition, fera mis en mouvement
fuivant la direction BA de fon grand axe,
tant que le vent pourra frapper par derriere la voile SF*s* : ce qui arrive dans tous
les cas où la direction du vent VF fait avec
l'axe BF un angle aigu vers l'un ou l'autre
côté. Car il eſt clair que dès que l'angle
BFV devient droit, la voile n'en eſt plus
frappée, & que, fi le vent venoit du côté
UF, le vaiſſeau feroit pouſſé en arriere.

§. 20. Suppofons d'abord l'angle BFV
évanouiſſant, ou que le vaiſſeau a le vent
en pouppe, & que la vîteſſe du vent eſt
$= c$. Suppofons encore que le vaiſſeau a
déjà acquis une vîteſſe $= v$ fuivant la même direction BA. Puifque la voile SF*s* a le
même mouvement, elle ne fera frappée du
vent qu'avec l'excès de fa vîteſſe fur celle
du vaiſſeau, ou bien la vîteſſe apparente
fera $= c - v$; mais la direction de cette
vîteſſe eſt perpendiculaire à la voile; la
force qui en réfulte fera donc égale au
poids d'une maſſe d'eau dont le volume eſt
$\frac{1}{100} \cdot \frac{(c - v)^2}{4 f} \cdot ff$. L'effet de cette force feroit d'accélérer le mouvement du vaiſſeau
s'il ne rencontroit aucune réſiſtance.

§. 21. Suppofant à préfent que le vaiſ-
feau rencontre dans l'eau la même réſiſtance qu'éprouveroit une furface plane $= rr$,
qui frapperoit l'eau perpendiculairement
avec la même viteſſe v, il en réſulteroit
une réſiſtance $= \frac{vv}{4\mathfrak{f}}.\ rr$. Or, ſi la force
pouſſante étoit plus grande que cette ré-
ſiſtance, le mouvement feroit accéléré ; &
ſi elle étoit moindre, il feroit retardé. Donc
pour que le vaiſſeau cingle avec une viteſſe
uniforme, il faut que la force pouſſante ſoit
égale à la réſiſtance : de-là nous tirons cette
équation $\frac{1}{800}.\ \frac{(c-v)^2}{4\mathfrak{f}} \mathfrak{f} = \frac{vv}{4\mathfrak{f}}.\ rr$; & en
extrayant la racine quarrée $(c-v).f = vr.$
$\sqrt{800}$, d'où l'on tire la viteſſe du vaiſ-
feau $v = \frac{cf}{f + r.\ \sqrt{800}}$; cette expreſſion fait
voir que, dans le cas que nous confidé-
rons, le vaiſſeau recevra une viteſſe qui ſera
toujours beaucoup plus petite que la viteſſe du vent c. L'on voit de plus quelle
devroit être la furface des voiles pour que
le vaiſſeau acquiere la moitié ou le tiers,
ou quelque autre partie qu'on voudra de
la viteſſe du vent. Pour la moitié, il faudroit que $f = r.\ \sqrt{800}$, & $ff = 800.\ rr$;
pour que v devienne $= \frac{1}{3} c$, il faudroit que
f fût $= \frac{1}{2} r.\ \sqrt{800}$, ou $ff = 200.\ rr$; &
pour que v devienne $= \frac{1}{4} c$, f doit être

$= \frac{1}{3} r. \sqrt{8c0}$, ou $ff = \frac{100}{9}. rr = 88\frac{1}{9} rA$

Enfin fi l'on demandoit une viteffe $v = \frac{1}{3} c$, on trouveroit $f = 2r. \sqrt{800}$, ou $ff = 3200. rr$; d'où l'on voit que dès qu'on aura atteint un certain degré de viteffe, ce ne feroit prefque plus la peine d'augmenter les voiles pour en acquérir une plus grande.

§. 22. Confidérons à préfent un vent quelconque foufflant dans la direction VF, avec la viteffe vraie $= c$, fous l'obliquité BFV $= \theta$, & fuppofons la viteffe du vaiffeau $= v$. Pour trouver la viteffe apparente du vent, nous repréfenterons par la droite VF la viteffe c; faifant enfuite FT $= v$, & achevant le parallélogramme VFTv, la diagonale vF repréfentera le vent apparent qui agit fur la voile. Or on a vu ci-deffus qu'à caufe de l'angle BFV $= \theta$, on aura vF $= \sqrt{(cc - 2cv \, \cos. \theta + vv)}$: mais l'angle FTv étant $= \theta$, & Tv $=$ VF $= c$, on aura, en abaiffant de v fur TF la perpendiculaire vu, $vu = c. \sin. \theta$, & Tu $= c. \cos. \theta$; & partant Fu $= c. \cos. \theta - v$: d'où l'on tire tang. BFv $= \frac{vu}{Fu} = \frac{c. \sin. \theta}{c. \cos. \theta - v}$, & par conféquent . . . .

fin. BFv $= \dfrac{c. \sin. \theta}{\sqrt{(cc - 2cv. \cos. \theta + vv)}}$, &

cof. BFv $= \dfrac{c. \cos. \theta - v}{\sqrt{(cc - 2cv. \cos. \theta + vv)}}$.

§. 23.

Fig. 6.

§. 23. Soit donc dans la cinquieme figure [*Fig. 5.*] vF le vent apparent par lequel la voile est actuellement frappée, sa vitesse vient d'être trouvée $vF = \sqrt{(cc - 2cv. \cos. \theta + vv)}$, & le cosinus de l'angle . . . . . .

$$BFv = \frac{c \cos. \theta - v}{\sqrt{(cc - 2cv. \cos. \theta + vv)}}.$$ Or ce cosinus est le sinus d'incidence, ou le sinus de l'angle vFS, lequel, étant multiplié par la vitesse, donne le produit $= c. \cos. \theta - v$, dont le quarré divisé par $4g$, doit être encore multiplié par la surface des voiles ff, & divisé par 800, pour avoir enfin la force poussante, dont l'expression sera par conséquent $\frac{1}{800} \cdot \frac{(c. \cos. \theta - v)^2}{4g} \cdot ff$. Cette valeur égalée comme ci-dessus à la résistance $\frac{v^2}{4g} rr$, donne $v = \frac{c. \cos. \theta. f}{f + r. \sqrt{800}}$. D'où l'on voit que cette formule ne differe de la précédente qu'en ce qu'au lieu de c on a ici $c. \cos. \theta$: ce qu'une légere attention auroit pu d'abord nous faire connoître. Car le vrai vent VF étant décomposé selon les directions FB & FS, il est clair que la vitesse suivant FB, qui est $c. \cos. \theta$, doit être diminuée de la vitesse du vaisseau v; d'où il suit que la vitesse du vaisseau v est toujours non-seulement beaucoup plus petite que la vitesse du vent c, mais encore plus petite que $c. \cos. \theta$.

§. 24. On voit de-là que plus l'obli-

quité du vent ou l'angle BFV approch
d'un droit, plus la viteſſe du vaiſſeau ſer
petite, & cela en raiſon du coſinus de ce
angle. Mais il faut remarquer qu'on ſuppoſe
que la quantité *ff* qui renferme toutes le
voiles frappées du vent, eſt la même. Il ſe
préſente ici un paradoxe très-ſingulier ; ſavoir, qu'un vent oblique eſt capable d'imprimer au vaiſſeau une viteſſe plus grande
qu'un vent direct ſelon la direction BF :
cela arrive quand le vaiſſeau a pluſieurs
mâts garnis de voiles ; car dans ce cas, lorſque le vent ſouffle dans la direction directe
BF, il ne ſauroit frapper que les voiles du
dernier mât : celles des mâts de l'avant de-
meurent inutiles. Mais dès que le vent a
quelque obliquité, il pourra auſſi frapper
les voiles de l'avant, ou dans toute leur étendue, ou du moins en partie ; ainſi, il peut
arriver que la diminution canſée par l'obliquité, ſoit amplement compenſée par le
plus grand nombre de voiles expoſées à
l'action du vent. Il ſuit de-là qu'il faut,
dans ce cas, avoir ſoin de donner à la quantité *ff* ſa juſte valeur, en eſtimant avec préciſion toutes les voiles qui ſe trouvent actuellement frappées par le vent : ainſi, plus
l'obliquité du vent ſera grande, plus il faudra augmenter la valeur de *ff* d'après les
circonſtances que le nombre des mâts &
leur diſtance feront aiſément connoître.

§. 25. Après cette exposition générale de la théorie, faisons-en l'application aux différentes especes de vaiſſeaux qui ſont en uſage. Ayant fait, comme ci-deſſus, la longueur de la carene AB $= a$, la largeur $= b$, & la profondeur $= e$, on ſe rappellera que la valeur de rr, qui indique la ſurface plane qui éprouveroit dans l'eau la même réſiſtance que le vaiſſeau rencontre effectivement, a été trouvée à-peu-près $= \frac{1}{4} b e \cdot \frac{2 \cdot b^2}{a^2 + 2 b^2}$. A l'égard des voiles, on ſuppoſera, comme ci-deſſus, la hauteur du centre vélique au-deſſus de la flottaiſon $h = 4 \cdot e$; on en retranchera environ $1 \cdot e$, pour avoir l'élévation de ce centre au-deſſus du tillac, laquelle ſera par conſéquent $= 3 \cdot e$; la hauteur des voiles ſera donc à-peu-près $= 6 \cdot e$, & comme leur largeur dépend de celle du vaiſſeau, on pourra exprimer la ſurface des voiles d'un mât par la quantité $6 \cdot b e$, ou parce qu'on a le plus ſouvent $e = \frac{1}{3} b$, par $\frac{4 \cdot}{3} \cdot b b$. Mais il convient de retrancher quelque choſe à cauſe de la courbure des voiles, par laquelle l'action du vent eſt affoiblie : nous réduirons donc l'expreſſion de la ſurface des voiles d'un mât à $2 b b$; de façon que nous aurons, pour les trois mâts principaux, une ſurface $= 6 \cdot b b$. Il ſuit de-là que dans le cas de vent en poupe, on ne ſauroit ſuppoſer ff plus grande que $2bb$. Dans les cas de vents obliques cette valeur pourra croître juſqu'à $6.bb$. Nous ſuppoſerons donc en général $ff = a.bb$.

§. 26. Ayant donc $ff = a.bb$, & $rr = \frac{1}{4}.bc$.

$\frac{2b^2}{a^2 + 2b^2}$, ou bien, à cauſe de $c = \frac{2}{5}b$,

$rr = \frac{1}{10}.bb.\frac{2b^2}{a^2+2b^2} = \frac{1}{5}\frac{b^4}{(a^2+2b^2)}$. On

ſubſtituera ces valeurs dans l'expreſſion trouvée (§. 23.) pour la viteſſe du vaiſſeau v, quand le vent ſouffle dans la direction VF avec la viteſſe $= c$, ſon obliquité étant BFV $= \theta$; & l'on trouvera . . . .

$$v = \frac{c.\text{coſ}.\theta\sqrt{a}}{\sqrt{a}+\frac{b.\sqrt{480}}{\sqrt{(a^2+2b^2)}}} = \frac{c.\text{coſ}.\theta}{1+\frac{b.\sqrt{480}}{\sqrt{a}(a^2+2b^2)}}:$$

Sur quoi on remarquera que le nombre a peut croître depuis 2 juſqu'à 6; & que comme a^2 eſt toujours beaucoup plus grand que $2b^2$, & que cette recherche n'eſt pas ſuſceptible de beaucoup de préciſion, on pourra hardiment ſuppoſer $v = \frac{ac\,\text{coſ}.\theta.\sqrt{a}}{a\sqrt{a}+b\sqrt{480}}$.

D'où l'on tire pour le cas du vent en pouppe, lorſque $\theta = 0$, & $a = 2$, ...

$$v = \frac{ac}{a+b.\sqrt{240}} = \frac{2ac}{2a+31.b}.$$ Il eſt facile, au moyen de cette formule, de trouver la viteſſe qu'un même vent en pouppe $= c$ imprimera aux ſept eſpeces principales de vaiſſeaux.

	Si	on aura
I.	$a = 3. \, b;$	$v = \frac{6}{37}. c.$
II.	$a = 3\frac{1}{2}. b;$	$v = \frac{7}{38}. c.$
III.	$a = 4. \, b;$	$v = \frac{8}{39}. c.$
IV.	$a = 4\frac{1}{2}. b;$	$v = \frac{9}{40}. c.$
V.	$a = 5. \, b;$	$v = \frac{10}{41}. c.$
VI.	$a = 5\frac{1}{2}. b;$	$v = \frac{11}{42}. c.$
VII.	$a = 6. \, b;$	$v = \frac{12}{43}. c.$

§. 27. Mais lorfque le vent fouffle fous une obliquité BFV $= \theta$, il ne fuffit pas, pour trouver la vîteffe du vaiffeau, de multiplier la vîteffe du vent *c* par cof. θ, il faut encore donner à la lettre α une valeur plus grande que 2, felon qu'une plus grande quantité de voiles eft frappée par le vent : d'où il peut arriver qu'un vent oblique imprime au vaiffeau une vîteffe plus grande que s'il étoit direct. Quoi qu'il en foit, il fera toujours aifé d'affigner la vîteffe du vaiffeau pour un cas quelconque. On peut toujours au refte tirer avantage de l'obliquité du vent, en choififfant quelque route oblique, & les formules ci-deffus nous mettront en état de réfoudre la queftion fuivante, qui eft fans doute de la plus grande importance dans la navigation : *La direction du vent & la route que le vaiffeau doit fuivre, étant données, trouver la difpofition des voiles, afin que le vaiffeau reçoive la plus grande vitesse.* Avant de donner la solution de ce Problême, nous devons développer plus en détail tout ce qui regarde les routes obliques.

CHAPITRE IV.

Sur le mouvement des vaisseaux dans leurs routes obliques.

§. 28. UN vaisseau suivra toujours une route plus ou moins oblique, quand la force poussante n'a pas pour direction celle du grand axe : or cela arrive toutes les fois que les voiles ne font pas orientées perpendiculairement à la direction du grand axe. *Fig. 7.* Suppofant donc le grand axe du vaisseau représenté par la ligne AB, soit la ligne SF*s* la direction de la voile équivalente, dont nous faisons toujours la surface $= ff$, & défignons par • l'obliquité ou l'angle AFS que cette direction fait avec AB. De quelque côté que souffle le vent VF, pourvu qu'il frappe fur la face de derriere de la voile S*s*, la force poussante fera toujours dirigée selon la ligne FY perpendiculaire à la voile. Or l'angle SFY étant droit, nous aurons l'angle AFY $= 90° -$ •, & cet angle ne differe pas de celui que nous avons nommé ci-deffus •, & pour lequel nous avons affigné la direction du mouvement FX, en nommant φ l'angle AFX qui indique la dérive du vaiffeau. Il faut donc fe rappeller tant le rapport qui regne entre les deux angles AFX = φ, & AFY = ψ = 90 — φ, que la formule qui exprime la réfiftance que le vaiffeau éprouve dans une telle route oblique.

§. 29. On fuppofera toujours la longueur de la carene AB = a, fa largeur = b, & le tirant d'eau = e; & on fe rappellera qu'on a trouvé pour le rapport entre φ & ψ, cette égalité, tang. $\psi = \frac{a^2}{2b^2}$. tang. φ^2, & que faifant la viteffe du vaiffeau = v, felon la direction FX, la force de la réfiftance a été exprimée par $\frac{vv}{4g} \cdot \frac{1}{4} \, ae \cdot \frac{\mathrm{fin.}\,\varphi^2}{\mathrm{fin.}\,\psi}$, quantité à laquelle la force pouffante doit être égale, dès que le mouvement du vaiffeau eft uniforme. Pour rendre ces formules d'une application plus facile à la pratique, nous donnerons ici deux Tables qui indiquent pour toutes les obliquités des voiles ou angles AFS = φ de 5 en 5 degrés, tant les valeurs de la dérive ou les angles AFX = φ, que celles de la formule $\frac{\mathrm{fin.}\,\varphi^2}{\mathrm{fin.}\,\psi}$, qui entre dans l'expreffion de la force de la réfiftance.

I. TABLE,

Qui donne la dérive AFX = *e*, pour tous les angles AFS = *u*, & les sept especes principales de vaisseaux.

L'angle.	Especes de vaisseaux.		
AFS = *u*	*a* = 3 *b*	*a* = 3 ½ *b*	*a* = 4 *b*
90°	0	0	0
85	4° 36'	3° 40'	2° 59'
80	6 31	5 11	4 14
75	7 58	6 40	5 27
70	9 19	7 25	6 5
65	10 30	8 24	6 54
60	11 41	9 19	7 39
55	12 50	10 15	8 25
50	14 1	11 11	9 12
45	15 12	12 12	10 2
40	16 33	13 16	10 55
35	17 26	14 30	11 57
30	19 43	15 52	13 6
25	21 43	17 31	14 29
20	24 17	19 42	16 20
15	27 44	22 39	18 51
10	32 57	27 13	22 50
5	42 37	36 9	30 52

I. TABLE,

Qui donne la dérive AFX = φ, pour tous les angles AFS = ν, & les sept espèces principales de vaisseaux.

L'angle AFS = ν	Espèces de vaisseaux.			
	a = 4⅓ b	a = 5 b	a = 5⅓ b	a = 6 b
90°	0	0	0	0
85	2° 30'	2° 9'	1° 52'	1° 37'
80	3 33	3 2	2 38	2 19
75	4 42	3 55	3 23	2 57
70	5 7	4 22	3 47	3 19
65	5 48	4 57	4 17	3 46
60	6 25	5 29	4 45	4 11
55	7 4	6 3	5 14	4 37
50	7 44	6 37	5 44	5 3
45	8 26	7 13	6 15	5 31
40	9 11	7 52	6 49	5 59
35	10 4	8 37	7 29	6 34
30	11 3	9 27	8 13	7 13
25	12 15	10 31	9 7	8 1
20	13 48	11 50	10 18	9 4
15	15 56	13 44	11 57	10 32
10	19 26	16 46	14 38	12 55
5	26 36	23 9	20 20	18 1

II. TABLE,

Qui donne la valeur de la formule $\frac{\text{fin.} \varphi}{\text{fin.} \psi}$ pour toutes les obliquités des voiles, & les fept principales efpeces de vaiffeaux.

L'angle.	Efpeces de vaiffeaux.		
AFS = .	a = 3b	a = 3½b	a = 4b
90°	0,0741	0,0466	0,0312
85	0,0738	0,0464	0,0311
80	0,0741	0,0470	0,0314
75	0,0751	0,0477	0,0320
70	0,0766	0,0489	0,0328
65	0,0781	0,0503	0,0339
60	0,0820	0,0524	0,0354
55	0,0864	0,0550	0,0373
50	0,0918	0,0585	0,0398
45	0,0972	0,0628	0,0426
40	0,1059	0,0688	0,0468
35	0,1109	0,0753	0,0515
30	0,1314	0,0863	0,0593
25	0,1468	0,0965	0,0704
20	0,1800	0,1209	0,0842
15	0,2269	0,1535	0,1080
10	0,3004	0,2124	0,1515
5	0,4602	0,3493	0,2642

II. TABLE,

Qui donne la valeur de la formule $\frac{sin.\,\varphi^2}{sin.\,\psi}$ pour toutes les obliquités des voiles, & les sept principales espèces de vaisseaux.

L'angle AFS = n	Especes de vaisseaux.			
	$a = 4\frac{1}{2}\,b$	$a = 5\,b$	$a = 5\frac{1}{2}\,b$	$a = 6\,b$
90°	0,0219	0,0160	0,0120	0,0092
85	0,0219	0,0161	0,0122	0,0094
80	0,0221	0,0162	0,0123	0,0095
75	0,0226	0,0165	0,0124	0,0096
70	0,0233	0,0170	0,0127	0,0097
65	0,0239	0,0174	0,0131	0,0101
60	0,0250	0,0182	0,0137	0,0106
55	0,0262	0,0191	0,0145	0,0113
50	0,0281	0,0207	0,0155	0,0121
45	0,0298	0,0221	0,0167	0,0129
40	0,0332	0,0244	0,0184	0,0142
35	0,0367	0,0273	0,0203	0,0159
30	0,0424	0,0311	0,0236	0,0182
25	0,0499	0,0374	0,0264	0,0207
20	0,0605	0,0447	0,0340	0,0269
15	0,0780	0,0582	0,0444	0,0346
10	0,1124	0,0845	0,0647	0,0508
5	0,2012	0,1551	0,1209	0,0960

§. 30. Moyennant ces deux Tables on est en état de déterminer la route d'un vaisseau pour chaque obliquité de ses voiles AFS = *, & pour chaque espece de vaisseaux, pourvu que le vent souffle de façon qu'il frappe les voiles par derriere. Car la premiere Table indique d'abord la dérive ou l'angle AFX = φ, & la seconde Table donne la valeur de la formule $\frac{\sin \varphi^2}{\sin \psi}$, que nous nommerons ici = s. Supposant donc la vitesse du vaisseau = v, la résistance sera = $\frac{v^2}{4s} \cdot \frac{1}{4} ae \cdot s$: maintenant si la droite VF désigne le vent vrai dont la vitesse soit = c, & l'obliquité d'incidence ou l'angle VFS = θ, il faudra d'abord chercher le vent apparent par la regle donnée ci-dessus; mais cette recherche pouvant devenir un peu embarrassante, nous donnerons une regle beaucoup plus simple. Ayant pris la ligne VF = c, qu'on prenne sur la direction du vaisseau FX, la portion Fx = v, & qu'on tire sur la voile SFs la perpendiculaire TFZ, à laquelle on menera de V & x les perpendiculaires VT & xZ : la ligne TF marquera la vitesse du vent perpendiculaire à la voile, & la ligne FZ la vitesse avec laquelle la voile se dérobe directement au vent. On voit que la voile sera frappée de la même maniere que si elle étoit en repos, & que le vent la frappât perpendiculairement avec une vîtesse $= TF - FZ$. Donc puisque l'angle SFV $= \theta$, & l'angle SF$x = \ast + \phi$, on aura FT $= c$. sin. θ, FZ $= v$ sin. $(\ast + \phi)$, & la vîtesse perpendiculaire du vent $= c$ sin. $\theta - v$. sin. $(\ast + \phi)$: par conséquent supposant la surface des voiles $ff = \alpha bb$ (§. 25.) la force du vent sera . . . . .

$$\tfrac{1}{300}.\left(\frac{c.\text{sin.}\,\theta - v.\,\text{sin.}\,(\ast + \phi))^2}{4\beta}\right).\,\alpha bb,\ \text{qu'on}$$

égalera à la résistance, pour avoir cette équation : vv. $\tfrac{2}{4}$ aes $= \tfrac{1}{300}$. $(c$. sin. $\theta - v$. sin. $(\ast + \phi))^2\ \alpha bb$: d'où l'on tire

$$v = \frac{c.\,\text{sin}\,\theta.\,b\sqrt{\alpha}}{\sqrt{600.\,aes} + \text{sin.}\,(\ast + \phi).\,b\sqrt{\alpha}},\ \text{ou}$$

$$v = \frac{c.\,\text{sin.}\,\theta}{\text{sin.}\,(\ast + \phi) + \sqrt{\frac{600\,aes}{\alpha bb}}}.\ \text{Formule}$$

qui exprime la vîtesse avec laquelle le vaisseau sillera sur sa route FX.

§. 31. Mais comme on ne sauroit connoître le vent vrai en mer, lorsque le vaisseau est en mouvement, & que les observations ne donnent & ne peuvent donner que le vent apparent, lequel entre immédiatement dans l'expression de la force poussante, la réduction que nous venons d'enseigner dans l'article précédent, de-

vient en partie inutile, & la vîteſſe du vaiſſeau pourra être déterminée beaucoup plus
aiſément. Car ſi la ligne $VF = c$ marque
déjà la vîteſſe du vent apparent, dont l'angle d'incidence ſoit $VFS = \theta$, la force pouſ-
ſante ſe trouve d'abord $= \frac{1}{800} \cdot \frac{cc \sin \theta^2}{4\delta} \cdot \alpha bb$,
laquelle étant égalée à la réſiſtance
$\frac{vv}{4\delta} \cdot \frac{3}{4} \, aes$, donne la vîteſſe du vaiſſeau
$v = c. \sin \theta \sqrt{\frac{\alpha bb}{600. aes}}$. Donnons-en un
exemple: ſoit notre vaiſſeau de la cinquie-
me eſpece, ou $a = 5b$, & le tirant d'eau
$e = \frac{1}{3} b$; de ſorte que $ae = \frac{1}{4} bb$: ſoit de
plus la ſomme ff des voiles frappées par le
vent $= 4 bb$, ou $\alpha = 4$: ſoit enfin l'obliquité des voiles $AFS = 50° = \mu$, on tirera de la premiere Table la dérive $\varphi = 6°$,
37′, & de la ſeconde $\frac{\sin \varphi^2}{\sin \psi} = s = 0,0207$.
Suppoſant enſuite la vîteſſe apparente $= c$,
& l'angle d'incidence $= \theta$, on trouvera la
vîteſſe du vaiſſeau $v = c. \sin \theta. \sqrt{\frac{4}{600.\frac{1}{4}.0,0207}}$,
ou $v = c. \sin \theta. \sqrt{\frac{40}{207}} = 0,4396. c \sin \theta$.
Ainſi, ſi l'obliquité du vent VFS étoit
$= 30°$, la vîteſſe du vaiſſeau ſeroit $= 0,$
2198. c; ou bien la vîteſſe du vaiſſeau ſeroit à-peu-près la cinquieme partie de celle
du vent.

§. 32. Si l'on compare maintenant la direction du vent VF avec la route du vaisseau FX, il est d'abord évident que l'angle VFX doit être plus grand que l'angle SFX = ϖ + φ. Or si l'on considere la premiere Table, on verra que la somme des deux angles ϖ + φ devient, en descendant, de plus en plus petite jusqu'à un certain point, au-delà duquel cette somme augmente. Il est donc bien important de savoir quelle est la disposition des voiles qui donne la somme ϖ + φ, ou l'angle SFX le plus petit, puisqu'en donnant à l'obliquité du vent VFS = θ la plus petite valeur, le vent pouvant encore agir sur la voile, on aura le cas où l'angle VFX devient le plus petit, & dans lequel par conséquent la route du vaisseau FX approchera de la direction du vent FV, le plus qu'il est possible; ou dans lequel le vaisseau avancera le plus contre le vent. On dit alors que le vaisseau va au plus près, & cette qualité d'aller au plus près est regardée, dans les vaisseaux, comme une qualité excellente. Elle dépend principalement de l'espece des vaisseaux, & nous avons fait remarquer ci-dessus, que plus un vaisseau a de longueur par rapport à sa largeur, plus il est propre à avancer contre le vent, ou à aller au plus près. Pour bien développer cet objet, rap-

portons ici pour chaque espece de vaisseaux
les angles SFA = ɴ, & AFX = ɸ, dont
la somme ɴ + ɸ devient la plus petite : c'est
ce qu'on voit dans la petite Table suivante :

TABLE

Especes de vaisseaux.	AFS = ɴ	AFX = ɸ	SFX = ɴ + ɸ
a = 3 b	13° 7′	29° 30′	42° 37′
a = 3½ b	11 4	26 4	37 8
a = 4 b	9 54	23 45	33 39
a = 4½ b	9 24	20 0	29 24
a = 5 b	8 2	18 27	26 29
a = 5½ b	7 54	16 18	24 12
a = 6 b	7 10	15 4	22 14

Ces derniers angles SFX étant augmentés
de l'obliquité du vent VFS = θ, montre-
ront à quel degré chaque vaisseau est capable d'aller au plus près. Mais il est bon
de remarquer qu'il ne faut pas prendre l'angle θ trop petit, parce que le vent ne pourroit alors agir sur les voiles à cause de leurs
courbures ; & cette raison fait croire qu'on
ne sauroit diminuer l'angle θ au-delà d'un
point, ou de 11° 15′. Supposant donc l'angle VFS = 11° 15′, nous aurons les angles du plus près VFX, tels qu'on les voit
dans la Table suivante :

TABLE.

TABLE

Efpeces de vaiffeaux.	Angles du plus près VFX	
$a = 3\ b$	53°	52'
$a = 3\frac{1}{2}\ b$	48	23
$a = 4\ b$	44	54
$a = 4\frac{1}{2}\ b$	40	39
$a = 5\ b$	37	44
$a = 5\frac{1}{2}\ b$	35	27
$a = 6\ b$	33	29

D'où l'on voit qu'un vaiffeau de la der‐
niere efpece $a = 6\,b$ pourroit marcher con‐
tre le vent jufqu'à près de trois points.

§. 33. Mais comme dans de pareilles
routes l'obliquité des voiles devroit être
exceffive, & l'angle AFS fi petit qu'on ne
le fauroit prefque obtenir dans la pratique,
à caufe de la courbure des voiles, il eft le
plus fouvent plus avantageux de ne pas
donner à l'angle SFX $= n + \varphi$ fa plus pe‐
tite valeur, mais de le prendre plutôt de
quelques degrés plus grand, afin que l'an‐
gle AFS ne devienne pas d'une petiteffe
extrême. Pour faciliter ce choix, nous
ajouterons encore ici la Table fuivante.

N

III.ᵉ TABLE

Qui donne les angles SFX = n + φ, pour toutes les obliquités des voiles AFS = n, & les sept especes de Vaisseaux.

L'angle AFS = n	Especes de Vaisseaux.			
	$a = 3b$	$a = 3\frac{1}{2}b$	$a = 4b$	$a = 4\frac{1}{2}b$
90°	90° 0′	90° 0′	90° 0′	90° 0′
85	89 35	88 40	87 59	87 30
80	86 31	85 11	84 14	83 33
75	82 58	81 40	80 27	79 42
70	79 19	77 25	76 5	75 7
65	75 30	73 24	71 54	70 48
60	71 41	69 19	67 39	66 25
55	67 50	65 15	63 25	62 4
50	64 1	61 11	59 12	57 44
45	60 12	57 12	55 2	53 26
40	56 33	53 16	50 55	49 11
35	52 26	49 30	46 57	45 4
30	49 43	45 52	43 6	41 3
25	46 43	42 31	39 29	37 15
20	44 17	39 42	36 20	33 48
15	42 44	37 39	33 51	30 56
10	42 57	37 13	32 50	29 26
5	47 37	41 9	35 52	31 36

IIIᵉ TABLE

Qui donne les angles SFX = ,+ ,, pour toutes les obliquités des voiles AFS = ,, & les fept éfpeces de Vaiffeaux.

L'angle AFS = ,,	Efpeces de Vaiffeaux.					
	$a = 5b$		$a = 5\frac{1}{2}b$		$a = 6b$	
90°	90°	0′	90°	0′	90°	0′
85	87	9	86	52	86	37
80	83	2	82	38	82	19
75	78	55	78	23	77	57
70	74	22	73	47	73	19
65	69	57	69	17	68	46
60	65	29	64	45	64	11
55	61	3	60	14	59	37
50	56	37	55	44	55	3
45	52	13	51	15	50	31
40	47	52	46	49	45	59
35	43	37	42	29	41	34
30	39	27	38	13	37	13
25	35	31	34	7	33	1
20	31	50	30	18	29	4
15	28	44	26	57	25	32
10	26	46	24	38	22	55
5	28	9	25	20	23	1

Cette Table fait voir qu'en prenant l'angle $u = 15°$, on ne perdra fur le plus près que quelques minutes pour les premieres efpeces, & feulement deux degrés pour la derniere : différence qui ne peut être fenfible dans la pratique.

CHAPITRE V.

Sur le plus prompt fillage des vaiffeaux ;
leur route & la direction du vent étant
données.

§. 34. Nous nous propofons, dans ce
Chapitre, de donner la folution du Problême énoncé ci-deffus, & qui renferme l'objet le plus intéreffant de l'art du Pilote.

La route d'un vaiffeau & la direction du Fig. 7.
vent étant données, trouver la difpofition
tant du vaiffeau que des voiles, pour qu'il
coure fur la route propofée avec la plus
grande vîteffe.

Nous fuppofons que le vent apparent eft
donné, les obfervations faites fur un vaiffeau ne pouvant nous faire connoître que
le vent apparent. Soit donc VF la direction du vent apparent, & fa vîteffe $= c$,
& que la ligne FX repréfente la route que
le vaiffeau doit tenir. Ces deux directions
étant données, l'angle VFX eft connu.
Suppofons cet angle $= d$, à l'égard des
quantités qu'il eft queftion de déterminer,
faifant l'obliquité des voiles AFS $= n$, on
trouvera, par la premiere Table du Chapi-

N iij

tre précédent, la dérive du vaisseau ou l'angle AFX $= \varepsilon$; & de-là on aura l'angle d'incidence du vent VFS $= \theta = \delta - \varepsilon - \varphi$. Nous avons trouvé ci-dessus la vitesse du vaisseau $v = c$. sin. $\theta \sqrt{\frac{a.bb}{600.a.ss}}$, la lettre s désignant la formule $\frac{\sin. \varphi^2}{\sin. \psi} = \frac{\sin. \varphi^2}{\cos. \varepsilon}$, à cause de $\varepsilon = 90 - \psi$. Par conséquent pour résoudre notre Problême, il s'agit de trouver la valeur de l'angle ε, pour que cette formule $\frac{\sin. \varepsilon}{\sin. \varphi} \sqrt{\cos. \varepsilon} = \frac{\sin. (\delta - \varepsilon - \varphi)}{\sin. \varphi} \sqrt{\cos. \varepsilon}$ acquiere la plus grande valeur qu'il est possible, ayant soin de se rappeller la relation entre les angles ε & φ, exprimée par l'équation cos. $\varepsilon = \frac{a^2}{2 b^2}$. tang. φ^2.

§. 35. Or, traitant cette formule en suivant les procédés que l'Analyse prescrit pour trouver les plus grands ou les plus petits, on parvient à cette égalité finale :

$$\text{tang. } (\delta - \varepsilon) = \tfrac{1}{3} \text{ tang. } \varepsilon \left(\frac{2 - \text{tang. } \varepsilon . \text{ tang. } \varphi}{\tfrac{1}{3} - \text{tang. } \varepsilon . \text{ tang. } \varphi} \right)$$

de laquelle on devroit conclure les angles ψ & φ, pour chaque angle proposé δ. Mais comme cela exigeroit des calculs trop embarrassans, il vaut mieux renverser la question, & chercher l'angle δ pour tous les angles ε & φ. Car ayant disposé toutes ces valeurs dans une Table femblable à celle du chapitre précédent, il fera aifé de renverfer pour la feconde fois la queftion, & d'affigner, pour chaque angle δ, les angles $*$ & φ. Ce qui donnera la folution du Problême.

TABLE

Qui marque pour tous les angles AFS = a, & les sept especes de vaisseaux, l'angle VFX = δ compris entre la direction du vent VF, & la route du vaisseau FX.

L'angle AFS = a	Especes de vaisseaux.						
	$a = 3b$		$a = 3\frac{1}{3}b$		$a = 4b$		$a = 4\frac{1}{2}b$	
90°	180°		180°		180°		180°	
85	178	53'	176	50'	175	41'	175	0'
80	172	13	170	12	168	59	168	11
75	165	33	163	24	162	4	161	11
70	158	40	156	23	154	57	153	59
65	151	38	149	13	147	40	146	37
60	144	18	141	44	140	5	138	57
55	136	46	134	4	132	21	131	10
50	128	43	125	53	124	5	122	51
45	120	20	117	25	115	35	114	19
40	111	10	108	10	106	19	105	1
35	101	28	98	29	96	41	95	25
30	90	32	87	34	85	50	84	36
25	78	36	75	58	74	24	73	18
20	64	55	62	37	61	13	60	16
15	50	17	48	38	47	38	46	56
10	33	20	32	21	31	45	31	19
5	16	19	16	0	15	46	15	37

TABLE

Qui marque pour tous les angles AFS = a, & les sept espèces de vaisseaux, l'angle VFX = δ compris entre la direction du vent VF, & la route du vaisseau FX.

L'angle AFS = a	a = 5 b		a = 5½ b		a = 6 b	
90°	180°		180°		180°	
85	174	33'	174	13'	173	56'
80	167	38	167	13	166	55
75	160	33	160	5	159	44
70	153	16	152	44	152	19
65	145	51	145	16	144	49
60	138	8	137	31	137	3
55	130	18	129	39	129	10
50	121	56	121	15	120	44
45	113	23	112	41	112	8
40	104	5	103	22	102	56
35	94	30	93	48	93	24
30	83	41	83	1	82	29
25	72	27	71	54	70	25
20	59	29	59	3	58	36
15	46	23	46	4	45	44
10	31	1	30	49	30	36
5	15	31	15	20	15	22

§. 36. Si, le vaisseau étant en repos, on a réglé la disposition sur le vent vrai, dès que le vaisseau commencera à marcher, le vent paroîtra changer de direction, quoiqu'il demeure le même. Il faudra donc changer la disposition, conformément aux regles que nous venons de donner, de la même maniere que si le vent avoit effectivement changé. Or, comme le vaisseau acquiert assez promptement la vîtesse que le vent est capable de lui imprimer, tout le changement pourra se faire en très-peu de tems : de sorte qu'on ne tardera pas à s'appercevoir si la disposition qu'on aura donnée au vaisseau & aux voiles est d'accord avec les regles trouvées, ou non. Dans le dernier cas, tout sera bientôt remis dans l'état où il doit être. Au reste, il est bon d'observer que dans tous les cas où il s'agit d'un *maximum* ou *minimum*, une petite aberration des regles prescrites ne change presque rien dans l'effet : ensorte que le Pilote pourra toujours compter sur la bonté de sa disposition, tant qu'elle ne s'écartera pas considérablement de celle prescrite par la regle. La considération de la différence entre le vent vrai & apparent, nous devient par conséquent parfaitement inutile.

§. 37. Pour faire voir comment un Pi-

lote doit se servir de la Table que nous venons de donner, on voici un exemple
pour un vaisseau de l'espece $a = 4\frac{1}{3}b$, &
suppofant que la direction du vent VF fait,
avec la route FX que le vaisseau doit tenir, un angle VFX $= 138°. 57'$, notre
Table nous indique d'abord qu'il faut prendre l'obliquité des voiles ou l'angle AFS
$= 60°$. La premiere Table du Chapitre
précédent (pag. 184) nous fournit enfuite
la dérive AFX $= 6°. 25'$; & partant l'angle SFX $= 66°. 25'$. De-là nous tirons
l'angle VFS $= \theta = \delta - \imath - \phi = 72°, 32'$:
le Pilote difpofera donc les voiles enforte
que leur obliquité ou l'angle AFS devienne
$= 60°$; enfuite faifant tourner le vaiffeau
de maniere que le vent tombe fur les voiles fous un angle VFS $= 72°. 32'$, il fera
affuré que le vaiffeau fillera fur la route
propofée FX avec la dérive AFX $= 6°. 25'$,
& avec la plus grande viteffe poffible. Pour
affigner cette plus grande viteffe que le
vaiffeau recevra dans cette difpofition, on
tirera de la feconde Table du Chapitre précédent (pag. 186) la valeur de la formule
$\frac{fin. \phi^2}{fin. \psi} = $ $= 0,0250$. Enfuite a étant
$= \frac{2}{3}b$, & faifant $e = \frac{2}{3}b$, & $ff = 3bb$
pour la furface de toutes les voiles, on
trouvera la viteffe du vaiffeau $v = c.$ fin.

Fig. 9.

$(72^\circ. 32')$ V $\frac{366}{1080.0,0460.66} = \frac{6}{3}$ fin. $(72^\circ.$
$32')$, ou bien $v = 0, 318$; de forte que
le vaiſſeau acquerra près des trois dixie-
mes de la viteſſe du vent. Si la viteſſe du
vent étoit de 30 pieds par ſeconde, celle
du vaiſſeau ſeroit de 9 pieds. Or une verſte
contient 3500 pieds, il lui faudroit donc
389 ſecondes, ou bien $6\frac{1}{2}$ minutes, pour
parcourir l'eſpace d'une verſte. Cet exemple paroît ne laiſſer aucune difficulté ſur la
maniere de ſe ſervir de nos regles.

§. 38. On fera peut-être ſurpris de trou-
Fig. 7. ver dans notre derniere Table, pour les angles VFX $= \delta$, des valeurs beaucoup plus
petites que les limites aſſignées ci-deſſus,
pour aller au plus près. Par exemple, prenant l'angle AFS $= \alpha = 5^\circ$, cette Table
donne pour la premiere eſpece de vaiſſeaux où $a = 3b$, l'angle $\delta = 16^\circ. 19'$,
tandis que nous avons vu ci-deſſus qu'un
tel vaiſſeau ne ſauroit gagner au vent que
ſous un angle VFX $= 53^\circ. 52''$; mais cette
ſurpriſe ceſſera bientôt quand on conſidé-
rera les conditions ſous leſquelles ce petit
angle VFX $= 16^\circ. 19'$ doit avoir lieu :
car l'angle SFA étant $= \alpha = 5^\circ$, la dérive ſera AFX $= \varphi = 42^\circ. 37'$, & partant
l'angle SFX $= \alpha + \varphi = 47^\circ. 37'$, lequel

étant souſtrait de l'angle VFX $= 16°. 19'$, laiſſe pour l'angle VFS la valeur $\theta = -31°. 28'$. Or cette valeur étant négative, indique que le vent doit frapper la voile de l'autre côté; de ſorte que le vaiſſeau ſeroit pouſſé en arriere. En effet, le ſinus de l'angle θ devenant négatif, notre formule donnera une viteſſe négative; & une telle viteſſe, quoiqu'elle puiſſe être un *maximum* ou *minimum* pour cette route, doit être rejettée. Il faut donc en général, toutes les fois que notre Table donne pour l'angle VFX $= \delta$ une valeur plus petite que SFX $= \varpi + \varphi$, rejetter ces cas comme abſolument impoſſibles, parce qu'alors l'angle d'incidence du vent VFS $= \theta = \delta - \varpi - \varphi$ deviendroit négatif. Cette conſidération fait voir que les plus petites valeurs qu'on puiſſe admettre pour l'angle VFX $= \delta$, ſont celles où $\delta = \varpi + \varphi$, & partant l'angle $\theta = o$; auquel cas le vaiſſeau reſteroit en repos. La Table ſuivante met ſous les yeux les véritables limites de l'angle VFX $= \delta$ pour chaque eſpece de vaiſſeaux.

T A B L E des angles δ, ω & φ.

Efpeces de vaiffeaux.	VFX = δ		SFA = ω		AFX = φ	
$a = 3\ b$	42°	37′	13°	7′	29°	30′
$a = 3\frac{1}{2}\ b$	37	8	11	4	26	4
$a = 4\ b$	33	39	9	54	23	45
$a = 4\frac{1}{2}\ b$	29	24	9	24	20	0
$a = 5\ b$	26	29	8	2	18	27
$a = 5\frac{1}{2}\ b$	24	12	7	54	6	18
$a = 6\ b$	22	14	7	10	15	4

§. 39. Pour épargner aux Pilotes là peine d'aller chercher & de combiner tous les élémens que nos Tables renferment, nous ajouterons ici des Tables particulieres pour chaque efpece de vaiffeaux. La premiere colonne de chacune contiendra les angles donnés VFX, compris entre là direction du vent & la route du vaiffeau. Nous commencerons par la plus petite valeur de cet angle, lorfque le vaiffeau demeure en repos, & de-là nous monterons fucceffivement jufqu'à 180°. La feconde colonne renfermera les obliquités des voiles, ou l'angle AFS = ω; la troifieme donnera la dérive, ou l'angle AFX = φ; la quatrieme, la fomme des deux derniers angles, ou SFX = ω + φ, laquelle étant ôtée de l'angle δ, donnera l'incidence du vent, ou l'angle VFS $= \theta = \delta - \omega - \varphi$, dont les valeurs compofent la cinquieme colonne. Enfin on trouvera, dans la fixieme colonne, les valeurs de la formule $s = \frac{fin. \varphi^2}{fin. \psi} = \frac{fin. \varphi^2}{cof. \psi}$, que nous tirerons de la feconde Table du Chapitre précédent. On a befoin de ces valeurs pour trouver la viteffe même du vaifleau.

PREMIERE TABLE.

Du plus prompt fillage pour les vaiffeaux de la premiere efpece, $a = 3b$.

V F X	A F S	A F X	S F X	V F S	$s = \dfrac{fin. \varphi}{fin. \psi}$
♪	●	◆	●+◆	◆	
42° 37'	13° 7'	29° 30'	42° 37'	0° 0'	- - - -
50 17	15 0	27 44	42 44	7 33	0,2269
64 55	20 0	24 17	44 17	20 38	0,1800
78 36	25 0	21 43	46 43	31 53	0,1468
90 32	30 0	19 43	49 43	40 49	0,1314
101 28	35 0	17 26	52 26	49 2	0,1109
111 10	40 0	16 33	56 33	54 37	0,1059
120 20	45 0	15 12	60 12	60 8	0,0972
128 43	50 0	14 1	64 1	64 42	0,0918
136 46	55 0	12 50	67 50	68 56	0,0864
144 48	60 0	11 41	71 41	73 7	0,0820
151 38	65 0	10 30	75 30	76 8	0,0781
158 40	70 0	9 19	79 19	79 21	0,0766
165 33	75 0	7 58	82 58	82 35	0,0751
172 13	80 0	6 31	86 31	85 42	0,0741
178 53	85 0	4 35	89 35	89 18	0,0738
180 0	90 0	0 0	90 0	90 0	0,0741

II. TABLE.

II. Table.

Du plus prompt fillage pour les vaisseaux de la seconde espece, a = 3⅓ b.

VFX	AFS	AFX	SFX	VFS	$s = \dfrac{fn.\ \phi^b}{fn.\ \downarrow}$
37° 8'	11° 4'	26° 4'	37° 8'	0° 0'	- - - -
48 38	15 0	32 39	37 39	10 39	0,1555
62 37	20 0	19 42	39 42	22 55	0,1209
75 58	25 0	17 31	42 31	33 27	0,0965
87 34	30 0	15 52	45 52	41 42	0,0863
98 29	35 0	14 30	49 30	48 59	0,0752
108 10	40 0	13 16	53 16	54 54	0,0688
117 25	45 0	12 12	57 12	60 13	0,0628
125 53	50 0	11 11	61 11	64 42	0,0585
134 4	55 0	10 15	65 15	68 49	0,0550
141 44	60 0	9 19	69 19	72 25	0,0524
149 13	65 0	8 24	73 24	75 49	0,0503
156 23	70 0	7 25	77 25	78 58	0,0489
163 24	75 0	6 40	81 40	81 44	0,0477
170 12	80 0	5 11	85 11	85 1	0,0470
176 50	85 0	3 40	88 40	88 10	0,0464
180 0	90 0	0 0	90 0	90 0	0,0466

III. TABLE.

Du plus prompt fillage pour les vaiſſeaux de la troiſieme eſpece,

$$a = 4\tfrac{1}{2}$$

VFX ♪	AFS ■	AFX ●	SFX $a+\phi$	VFS ☽	$t = \dfrac{\int a \cdot \phi^2}{\int a \cdot \psi}$
23°39'	9°54'	23°45'	32°32'	0°0'	·-·-·-·-
47 38	15 0	18 52	33 51	13 47	0,1980
61 13	20 0	16 29	36 29	24 52	0,0842
74 24	25 0	14 29	39 29	34 55	0,0704
85 50	30 0	13 6	43 6	42 44	0,0593
96 41	35 0	11 57	46 57	49 44	0,0515
106 19	40 0	10 55	50 55	55 24	0,0468
115 35	45 0	10 2	55 2	60 33	0,0426
124 5	50 0	9 12	59 12	64 53	0,0398
132 21	55 0	8 25	63 25	68 56	0,0373
140 5	60 0	7 39	67 39	72 26	0,0354
147 40	65 0	6 54	71 54	75 46	0,0339
154 57	70 0	6 5	76 5	78 52	0,0328
162 4	75 0	5 27	80 27	81 37	0,0320
168 59	80 0	4 14	84 14	84 45	0,0314
175 41	85 0	2 59	87 59	87 43	0,0311
180 0	90 0	0 0	90 0	90 0	0,0212

IV. TABLE.

Du plus prompt sillage pour les vaisseaux de la quatrieme espece, $a = 4\frac{1}{2}b$.

VFX	AFS	AFX	SFX	VFS	$s = \dfrac{\text{fin.}\,\varphi^{\circ}}{\text{fin.}\,\downarrow}$
♪	•	•	• + •	•	
29°24'	9°24'	20° 0'	29°24'	9° 0'	- - - -
31 19	10 0	19 26	29 26	1 53	0,1124
46 16	15 0	15 56	30 56	...5 0	0,0780
60 16	20 0	13 48	33 48	16 28	0,0605
73 18	25 0	12 15	37 15	36 5	0,0492
84 36	30 0	11 3	41 3	43 33	0,0424
95 25	35 0	10 4	45 4	50 21	0,0367
05 1	40 0	9 11	49 11	55 50	0,0332
14 19	45 0	8 26	53 26	60 53	0,0298
22 51	50 0	7 44	57 44	65 7	0,0281
31 10	55 0	7 4	62 4	69 6	0,0264
38 57	60 0	6 25	66 25	72 22	0,0259
46 37	65 0	5 48	70 48	75 49	0,0259
53 52	70 0	5 7	75 7	78 52	0,0233
61 11	75 0	4 42	79 42	81 29	0,0226
68 11	80 0	3 33	83 33	84 38	0,0221
75 0	85 0	2 30	87 30	87 30	0,0219
80 0	90 0	0 0	90 0	90 0	0,0218

V. TABLE.

Du plus prompt fillage pour les vaiffeaux de la cinquieme efpece, $a = 5\,b$.

VFX	AFS	AFX	SFX	VFS	$s = \dfrac{\sin.\varphi^2}{\sin.\psi}$
♪	"	φ	"+φ'	θ	
26° 29'	8° 2'	18° 27'	26° 29'	0° 0'	- - - -
31 1	10 0	16 46	26 46	4 15	0,0845
46 23	15 0	13 44	28 44	17 39	0,0582
59 29	20 0	11 50	31 50	27 39	0,0447
72 27	25 0	10 31	35 31	36 56	0,0374
83 41	30 0	9 27	39 27	44 14	0,0311
94 38	35 0	8 37	43 37	51 1	0,0273
104 5	40 0	7 52	47 52	56 13	0,0244
113 23	45 0	7 13	52 13	59 10	0,0221
121 56	50 0	6 37	56 37	65 19	0,0207
130 18	55 0	6 3	61 3	69 15	0,0191
138 8	60 0	5 29	65 29	72 39	0,0182
145 51	65 0	4 57	69 57	75 54	0,0174
155 16	70 0	4 22	74 22	78 54	0,0170
160 33	75 0	3 55	78 55	81 38	0,0165
167 38	80 0	3 2	83 2	84 36	0,0162
174 33	85 0	2 9	87 9	87 24	0,0161
180 0	90 0	0 0	90 0	90 0	0,0160

VI. Table.

Du plus prompt sillage pour les vaisseaux de la sixieme espece,

$$a = 5\tfrac{1}{2}b.$$

VFX	AFS	AFX	SFX	VFS	$s = \dfrac{\text{fin. }\varphi^2}{\text{fin. }\psi}$
δ	ϖ	φ	$\varpi + \varphi$	θ	
24° 12′	7° 54′	16° 18′	24° 12′	0° 0′	- - - -
30 49	10 0	14 38	24 38	6 11	0,0647
46 4	15 0	11 57	26 57	19 7	0,0444
59 3	20 0	10 18	30 18	28 45	0,0340
71 54	25 0	9 7	34 7	37 47	0,0264
83 1	30 0	8 13	38 13	44 48	0,0236
93 48	35 0	7 29	42 29	51 19	0,0203
103 22	40 0	6 49	46 49	56 33	0,0184
112 41	45 0	6 15	51 15	61 26	0,0167
121 15	50 0	5 44	55 44	65 31	0,0155
129 39	55 0	5 14	60 14	69 25	0,0145
137 31	60 0	4 45	64 45	72 46	0,0137
145 16	65 0	4 17	69 17	75 59	0,0131
152 44	70 0	3 47	73 47	78 57	0,0127
160 5	75 0	3 23	78 23	81 42	0,0124
167 13	80 0	2 38	82 38	84 35	0,0123
174 13	85 0	1 52	86 52	87 21	0,0122
180 0	90 0	0 0	90 0	90 0	0,0120

VII. TABLE.

Du plus prompt fillage pour les vaisseaux de la septieme espece, $a = 6b$.

VFX δ	AFS u	AFX φ	SFX $u+\varphi$	VFS θ	$s = \dfrac{\text{sin.}\varphi^2}{\text{sin.}\psi}$
22° 14'	7° 10'	15° 4'	22° 14'	0° 0'	. . . .
30 36	10 0	12 55	22 55	7 41	0,0508
45 44	15 0	10 32	25 32	20 12	0,0346
58 36	20 0	9 4	29 4	29 32	0,0269
70 25	25 0	8 1	33 1	37 24	0,0207
82 29	30 0	7 13	37 13	45 16	0,0182
93 24	35 0	6 34	41 34	51 50	0,0159
102 56	40 0	5 59	45 59	56 57	0,0142
112 8	45 0	5 31	50 31	61 37	0,0129
120 44	50 0	5 3	55 3	65 41	0,0121
129 10	55 0	4 37	59 37	69 33	0,0113
137 3	60 0	4 11	64 11	72 52	0,0106
144 49	65 0	3 46	68 46	76 3	0,0101
152 19	70 0	3 19	73 19	79 0	0,0097
159 44	75 0	2 57	77 57	81 47	0,0096
166 55	80 0	2 19	82 19	84 36	0,0095
173 56	85 0	1 37	86 37	87 19	0,0094
180 0	90 0	0 0	90 0	90 0	0,0092

§. 40. Toutes les fois que l'angle prescrit VFX = δ se rencontre, ou exactement dans ces Tables, ou seulement à-peu-près, on donnera aux angles ɑ & φ les valeurs qui y sont marquées; une petite différence dans l'angle VFS = θ ne pouvant altérer sensiblement la plus grande vitesse du sillage. Mais si cet angle δ s'écarte considérablement de ceux qui se trouvent dans les Tables, il ne sera pas difficile de trouver des valeurs moyennes: c'est ce qu'il convient d'éclaircir par un exemple. Soit le vaisseau de la cinquieme espece, dans *Fig. 10.* lequel a = 5. b, & l'angle proposé VFX = δ = 90°, il est clair que prenant un milieu entre les angles 83°. 41′ & 94°. 38′, qui se trouvent dans cette cinquieme Table, on pourra prendre ɑ = 33°, φ = 8°, & s = 0, 028, & l'on dirigera le vaisseau par rapport à la route donnée FX, de façon que la dérive ou l'angle AFX devienne = 8°. Les voiles seront ensuite disposées de maniere que l'angle AFS devienne = 33°; ce qui donnera l'angle SFX = 41°, & partant l'angle d'incidence VFS = θ = 49°. Telle sera dans le cas proposé la disposition la plus avantageuse. Pour trouver la vitesse du vaisseau, exprimée par la formule $v = c. \sin. θ \sqrt{\frac{abb}{600. aaas}}$

où abb. exprime toute la surface des voiles, on suppofera cette furface $= 4\,b'b$, & le tirant d'eau $e = \frac{1}{4}b$, mais $a = 5\,b$; nous aurons donc $ae = \frac{5}{4}\,bb$, & partant $v = c$. fin. 49°. $\sqrt{\frac{1}{7}} = 0,2853.c$; de forte que la viteffe du vaiffeau fera à celle du vent comme $28\frac{1}{2}$: 100. Ainfi, fi la viteffe du vent étoit de 30 pieds par feconde, celle du vaiffeau feroit de $8\frac{1}{2}$ pieds ; ou bien il parcourroit l'efpace d'une verfte en $412''$ $= 6'. 52'$, ou à-peu-près en 7 minutes. Telle fera la plus grande viteffe que ce vaiffeau pourra acquérir dans les circonf-tances données.

CHAPITRE VI.

Sur la meilleure maniere de louvoyer pour arriver au vent.

§. 41. **O**n vient de voir comment il eft poffible qu'un vaiffeau fuive une route dont la direction fait, avec celle du vent, un angle plus ou moins aigu. On comprendra aifément de-là, la poffibilité de diriger la courfe du vaiffeau, enforte qu'il arrive en-fin à un lieu fitué fur la direction du vent, & plus voifin de fon origine. Car foit F le Fig. 11. lieu du vaiffeau au commencement, VF

la direction du vent, & qu'on se propose de
parvenir à quelque endroit F″, situé sur
cette direction, on voit qu'il seroit impos-
sible d'y arriver par la route directe FF″. Il
faudra donc suivre une route oblique, &
diriger le vaisseau d'abord vers la droite,
par exemple, suivant la direction FX ; ce
qui peut s'exécuter d'une infinité de manieres différentes, selon que l'angle VFX
est plus ou moins grand, & en disposant le
vaisseau comme nous l'avons enseigné, pour
qu'il sille sur la route FX avec la plus grande
vitesse. Le vaisseau étant parvenu en X,
on changera sa disposition en le faisant vi-
rer de bord, afin qu'il puisse marcher vers
la gauche sous la même obliquité par rapport au vent, & on le fera courir sur la
route XFX′ également inclinée à la direction FV. Parvenu en X′, le vaisseau changera de nouveau sa disposition ; il virera
de bord pour courir sur la route X′ F″,
toujours également incliné à la direction
du vent. On voit que par une telle manœuvre le vaisseau peut enfin arriver au lieu
proposé, en faisant un ou plusieurs zig-
zags, selon que les circonstances l'exigent.
Cette façon de naviguer est appellée par les
Marins, *louvoyer* ; elle leur fournit un ex-
cellent moyen de profiter d'un vent même
directement contraire. Nous nous propo-

fons, dans ce Chapitre, de rechercher quelles
font les difpofitions néceffaires pour que le
vaiffeau arrive le plus promptement de F
à F' contre la direction du vent.

§. 42. Il eſt naturel de penfer qu'il feroit avantageux de faire l'angle VFX auffi
petit qu'il eſt poffible, fans que le vaiffeau
ceffe d'avancer; mais il faut confidérer que
plus on diminue cet angle en l'approchant
des limites marquées dans les fept dernieres
Tables du Chapitre précédent, plus le mouvement devient lent. Ainfi il vaudra toujours mieux faire cet angle plus grand pour
procurer au vaiffeau une plus grande viteffe, par laquelle il gagnera plus promptement au vent. Il fuit de - là que, pour
remplir l'ob... dont il eſt queſtion, il faut
prendre l'angle VFX $= \delta$; de façon que
ce ne foit pas la viteffe v imprimée au
vaiffeau, qui devienne la plus grande, mais
celle qui en réfulte dans la direction FV.
Or cette viteffe étant $v.$ cof. δ, il faut chercher une difpofition telle qu'elle rende la
valeur de la formule $v.$ cof. δ la plus grande
qu'il eſt poffible.

§. 43. Les fignifications des quatre an-
gles π, φ, θ & δ étant bien entendues, on
a la viteffe du vaiffeau $v = c.$ fin. $\theta . \sqrt{\dfrac{abb}{600. acc}}$

$= c.$ fin. $\theta.$ $\sqrt{\frac{a bb \, cof. \, \eta.}{600. \, a'c. \, fin. \, \varphi^2}}$. Il faut donc que cette formule, multipliée par cof. δ, devienne un *maximum*; omettant donc le facteur connu, $c.$ $\sqrt{\frac{a bb}{6.0. \, a'c}}$, la formule qui doit devenir un *maximum* fera fin. $\theta.$ cof. $\delta.$ $\sqrt{\frac{cof. \, \eta}{fin. \, \varphi^2}}$, ou $\frac{fin. \, \theta. \, cof. \, \delta. \, \sqrt{cof. \, \eta}}{fin. \, \varphi}$. Cela pofé, on remarquera que l'angle φ eft déterminé par l'angle η, & que connoiffant l'angle θ, on a $\delta = \theta + \eta + \varphi$; de forte qu'il n'y a que les deux angles η & θ indéterminés : & ce font ces deux angles qu'il faut déterminer de façon que la valeur de notre formule devienne la plus grande. Pour cet effet, fuppofons d'abord que l'angle η, & par conféquent l'angle φ font déjà trouvés, par cette fuppofition la formule qu'il faut rendre un *maximum*, fera réduite à fin. $\theta.$ cof. δ, l'autre facteur $\frac{\sqrt{cof. \, \eta}}{fin. \, \varphi}$, ayant déjà fa jufte valeur. Or on fait, par la Trigonométrie, que ce produit fin. $\theta.$ cof. δ, fe réduit à cette formule $\frac{1}{2}.$ fin. $(\delta + \theta) - \frac{1}{2}.$ fin. $(\delta - \theta)$, & $\delta = \eta + \varphi + \theta$; on aura donc $\delta - \theta = \eta + \varphi$; fin. $(\delta - \theta)$ eft donc une grandeur déjà déterminée, & il ne s'agit plus que de trouver la plus grande valeur poffible du finus de l'angle $\delta + \theta$; ce qui a lieu évidemment lorfque $\delta + \theta = 90°$.

§. 44. La valeur de l'angle $\delta + \theta$ ainſi trouvée, il n'eſt plus néceſſaire de chercher l'angle ∗ qui ſatisfait à la queſtion, puiſque nous avons déjà réſolu ce Problême dans le Chapitre précédent, où nous avons aſſigné pour chaque angle δ, les trois angles ∗, ∗ & θ, pour que le vaiſſeau ſingle avec la plus grande viteſſe, ſuivant chaque route propoſée. Voilà donc une ſolution très-ſimple du Problême que nous nous ſommes propoſé. Il ne faut que chercher dans les Tables particulieres que nous avons données ſur la fin du Chapitre précédent, le cas où la ſomme des deux angles $\delta + \theta$ donne 90°; & l'on aura pour chaque eſpece de vaiſſeau la valeur de l'angle δ qui détermine la route FX que le vaiſſeau doit tenir en louvoyant. Ainſi, pour la premiere eſpece de vaiſſeau, l'angle $\delta = 64° 55'$, donne l'angle $\delta + \theta = 85° 33'$, qui eſt trop petit; l'angle ſuivant $\delta = 78° 36'$, donne l'angle $\delta + \theta = 110°. 29'$, qui eſt trop grand; d'où l'on voit qu'en prenant environ $\delta = 67° \frac{1}{2}$, on aura $\theta = 22° \frac{1}{2}$: à cette valeur de θ répond l'angle ∗ $= 21° \frac{1}{4}$, & l'angle ∗ $= 23° \frac{3}{4}$. Par conſéquent, pour bien louvoyer avec un vaiſſeau de la premiere eſpece, il faut faire les diſpoſitions ſuivantes :

I°.　VFX $= \delta = 67° \frac{1}{2}$;

II°.　AFS $= " = 21° \frac{1}{4}$;

III°. VFS $= \varphi = 23° \frac{1}{3}$; &

IV°. VFS $= \theta = 22° \frac{1}{2}$.

Quant à la vîteſſe on aura $s = 0,174$, & $600\, s = 104,4$; par conſéquent, à cauſe de $a = 3b$, on aura $v = c.\sin. 22° \frac{1}{2} . \sqrt{\dfrac{ab}{313.2.c}}$.

Donc la vîteſſe contre le vent $v.\cos. \delta = v.\sin. \theta = c.\sin. (22° \frac{1}{2})^2 . \sqrt{\dfrac{ab}{313.2.c}}$;

d'où l'on tire $v.\cos. \delta = 0,0083.\, c \sqrt{\dfrac{ab}{c}}$; c déſignant la vîteſſe du vent.

§. 45. On ſuivra le même procédé pour calculer les angles VFX $= \delta$, AFS $= "$, AFX $= \varphi$, SFX $= " + \varphi$, & VFS $= \theta$, pour les autres eſpeces de vaiſſeau, ainſi que pour trouver la vîteſſe contre le vent $v.\cos. \delta = v.\sin. \theta$, formule qui ſe réduit, comme nous l'avons vu, à cette forme N. $c. \sqrt{\dfrac{ab}{c}}$, N déſignant une certaine fraction décimale. On voit dans la Table ſuivante les réſultats de ces calculs pour toutes les autres eſpeces de vaiſſeau.

Fig. 12.

TABLE.

Du plus prompt sillage, en louvoyant contre le vent.

Especes de vaisseaux.	*Disposition.* VFX δ	AFS η	AFX φ	VFS θ	La fraction N
$a = 3\ b$	$67^\circ \frac{1}{2}$	21°	$23^\circ \frac{3}{4}$	$22^\circ \frac{1}{2}$	0,0083
$a = 3\frac{1}{2}\ b$	65	21	$19 \frac{1}{4}$	25	0,0114
$a = 4\ b$	$63 \frac{1}{4}$	21	16	$26 \frac{3}{4}$	0,0142
$a = 4\frac{1}{2}\ b$	62	$20 \frac{3}{4}$	$13 \frac{1}{4}$	28	0,0177
$a = 5\ b$	$61 \frac{1}{2}$	$20 \frac{1}{2}$	12	$28 \frac{1}{4}$	0,0181
$a = 5\frac{1}{2}\ b$	$60 \frac{1}{2}$	$20 \frac{1}{3}$	$10 \frac{1}{4}$	$29 \frac{1}{3}$	0,0232
$a = 6\ b$	$60 \frac{1}{4}$	$20 \frac{1}{2}$	10	$29 \frac{3}{4}$	0,0273

Nous devons avertir que les calculs n'ont pas été faits avec la derniere rigueur; la différence d'un degré n'étant presque pas sensible dans la pratique; un plus haut degré de précision auroit demandé des calculs assez compliqués, & n'auroit été d'aucune utilité réelle. La Table, telle que nous la donnons, sera suffisante pour se régler dans la pratique.

§. 46. En considérant cette Table, on s'appercevra aisément que tout l'art du Pilote, pour bien louvoyer, se réduit aux deux regles suivantes :

LA PREMIERE REGLE regarde l'angle AFS = », que les voiles doivent faire avec l'axe du vaisseau. On voit que cet angle ne varie que depuis 21° jusqu'à 20° ½. Puis donc que la différence d'un demi-degré ne sauroit rien changer dans l'effet, le Pilote pourra toujours disposer les voiles ensorte que leur obliquité par rapport à l'axe du vaisseau soit environ de 21°, ou 20° ½.

LA SECONDE REGLE regarde l'angle VFS = θ, sous lequel le vent frappe les voiles : cet angle varie, dans notre Table, depuis 22° ½, jusqu'à 29° ¾. Or la plupart des vaisseaux se rapportant à quelqu'une des especes moyennes entre $a = 3.b$, & $a = 6.b$, le Pilote pourra toujours prendre un milieu entre ces deux limites, qui sera à-peu-près 26° ; ainsi, après avoir disposé les voiles SF selon la premiere regle, il fera tourner le vaisseau ensorte que le vent frappe les voiles sous un angle de 26°, en observant cependant que dans le cas où le vaisseau appartiendroit à quelqu'une des premieres especes, il faut diminuer de quelques degrés cet angle de 26°, & l'augmenter au contraire de quelques degrés, si le vaisseau approchoit de quelqu'une des dernieres especes. Au reste, il n'importe pas

Fig. 12.

beaucoup qu'il s'écarte de la regle trouvée
d'un degré, ou même plus, une petite aberration n'étant d'aucune conféquence dans
toutes les recherches qui roulent fur un
maximum ou *minimum*. Ces deux regles
obfervées exactement, le Pilote pourra être
affuré que fon vaiffeau gagnera au vent
avec autant de vîteffe qu'il eft poffible,
quand même il ne connoîtroit point la dérive ou l'angle AFX, dont il pourra cependant trouver la vraie valeur à l'aide de
notre Table.

Il n'eft pas hors de propos de remarquer
encore le grand avantage que les longs
vaiffeaux ont fur ceux qui font plus courts.
On voit que la formule $\sqrt{\frac{ab}{c}}$ demeurant la
même, ainfi que la vîteffe du vent, les vaiffeaux de la premiere efpece ne gagnent au
vent qu'avec une vîteffe qui eft comme
0,0083, pendant que la vîteffe dans le
même fens de ceux de la derniere efpece,
eft comme 0,0273, c'eft-à-dire, plus de
trois fois plus grande; de forte qu'un vaiffeau de la feptieme efpece eft capable de
gagner au vent avec trois fois plus de vîteffe qu'un vaiffeau de la premiere efpece.

§. 47. Si l'on fe propofoit d'avancer non
contre le vent même, mais contre une
autre

autre direction qui en feroit un peu éloignée (car pour celles qui en font fort éloignées, les vaiſſeaux y peuvent courir directement). La méthode dont nous nous ſommes ſervis ci-deſſus, nous donnera auſſi aiſément la réſolution de ce cas. Ainſi, ſuppoſant que la direction du vent eſt VF, & qu'on veuille avancer contre la direction FU, l'angle VFU étant $= \gamma$, on fera, comme ci-deſſus, l'angle VFX $= \delta$, FX déſignant la route du vaiſſeau, & l'angle ſous lequel le vent frappe les voiles $= \theta$. Prenant enſuite un eſpace Fx $= v$, pour exprimer la vîteſſe du vaiſſeau, & tirant de x ſur FU la perpendiculaire xu, on aura, à cauſe de l'angle UFX $= \delta - \gamma$, l'eſpace Fu $= v . $ coſ. $(\delta - \gamma)$: c'eſt cet eſpace qu'il eſt queſtion de rendre un *maximum*. Pour y parvenir, conſidérant les angles π & φ comme ayant déjà leur juſte valeur, il faut que cette formule ſin. θ. coſ. $(\delta - \gamma)$, obtienne la plus grande valeur. Or cela arrivera lorſque la ſomme de ces deux angles $\theta + \delta - \gamma$ deviendra un angle droit; ce qui donnera $\delta + \theta = 90°$ $+ \gamma$. On n'aura donc qu'à chercher dans nos Tables particulieres les cas où la ſomme des deux angles $\delta + \theta$ devient égale à $90° + \gamma$; & de-là on trouvera enſuite les

Fig. 13.

P

angles ■ & ●. Mais comme cette queſtion
ne ſauroit ſe rencontrer que très-rarement,
il ſeroit ſuperflu de nous y arrêter davantage, & nous finirons en remarquant qu'il
ne faut pas trop compter ſur un accord
exact de l'expérience avec nos déterminations, quand le vaiſſeau ſille contre le vent.
Dans ce cas, le vent ne frappe pas uniquement les voiles, il frappe encore toute
la ſurface du vaiſſeau, les mâts, les corda-
ges, &c. & l'effet de cette impulſion eſt de
pouſſer le vaiſſeau en arriere, & d'altércr
conſidérablement l'effet du vent ſur les
voiles ; & cela d'autant plus, que le vent
ſera plus violent, parce qu'alors auſſi les
flots de la mer concourent à repouſſer le
vaiſſeau.

CHAPITRE VII.

Eclairciſſemens ſur les différentes eſpeces de vaiſſeaux.

§. 48. LORSQUE nous avons diſtingué les différentes eſpeces de vaiſſeaux d'après les différens rapports qui ont lieu entre la longueur de la carene *a*, & ſa largeur *b*, nous y avons été conduit par la conſidération du rapport entre la réſiſtance de la proue, & celle de la plus grande ſection tranſverſale de la carene, l'une & l'autre étant ſuppoſées ſe mouvoir directement dans l'eau. Cette conſidération, jointe à quelques expériences faites ſur des vaiſſeaux de guerre, nous détermine à ſuppoſer ce rapport égal à celui de $\frac{2bb}{aa + 2bb}$ à 1, lequel tient un milieu harmonique entre les deux cas extrémes, entre leſquels il ſemble qu'on peut rapporter tous les vaiſſeaux qui ſont en uſage. On voit bien que cette hypothèſe eſt fondée ſur une certaine loi, ſelon laquelle la largeur de la carene diminue depuis ſon milieu juſqu'à l'extrêmité de la proue ; ainſi, lorſque la conſtruction d'un vaiſſeau s'écarte de cette loi, il peut arriver que la réſiſtance de ſa proue devienne

P ij

ou plus grande, ou plus petite que celle
assignée par notre formule. On doit conclure de-là que les différentes destinations
des vaisseaux demandant différentes confi-
gurations de la proue, il ne faut pas s'é-
tonner si l'application de notre formule s'é-
carte souvent de la vérité. C'est pour remédier à ce défaut, que nous ajoutons ici
les éclaircissemens suivans sur le vrai caractere des différentes especes de vaisseaux.

§. 49. On remarquera d'abord que dans
les routes directes une erreur dans notre
formule ne sauroit tirer à conséquence,
étant très-peu important que dans ces cas
le vaisseau cingle un peu plus vîte, ou plus
lentement que selon notre regle. Rarement
se donne-t-on la peine de mesurer exactement la vîtesse du vent & la surface des
voiles, pour comparer la vîtesse actuelle du
vaisseau avec celle que donne notre formule; & quelque grande que puisse être
la différence entre ces deux vîtesses, elle
n'aura aucune influence sur la manœuvre
des vaisseaux. Mais il n'en est pas de même
dans les routes obliques, où la connoissance
de la dérive, qui fait une partie très-essen-
tielle de l'art de conduire les vaisseaux,
dépend principalement de la justesse de notre formule; de sorte que si elle s'écartoit

beaucoup de la vérité, elle pourroit occa-
fionner des accidens très-fâcheux. On fe
rappellera qu'ayant fuppofé $= \psi$ l'angle Fig. 7.
AFY, que la force pouffante FY fait avec
l'axe du vaiffeau FA, & appellé φ l'angle
AFX, que fait la direction de la route du
vaiffeau FX avec ledit axe FA, & qui mefure la dérive, nous avons, conformément
à notre hypothefe, exprimé la relation entre les deux angles ψ & φ, par cette équation: Tang. $\psi = \frac{a^3}{3b^3}$. tang. φ^2. Et s'il ar-
rivoit que cette équation s'écartât beau-
coup de la vérité, les regles que nous avons
prefcrites pour les routes obliques, pourroient faire tomber dans des erreurs affez
confidérables. Or c'eft principalement fur
cette égalité que nous avons établi les différentes efpeces de vaiffeaux, plutôt que
fur le rapport entre la longueur & la largeur de la carene. Ainfi la première efpece
marquée par le caractere $a = 3b$, doit
comprendre tous les vaiffeaux où cette re-
lation a lieu, tang. $\psi = \frac{27}{2}$. tang. φ^2, quand
même le rapport entre a & b feroit tout
autre que $a = 3b$. De la même maniere
le vrai caractere de notre feconde efpece,
marqué par $a = \frac{7}{2}b$, doit comprendre tous
les vaiffeaux pour lefquels on aura tang. ψ
$= \frac{343}{16}$. tang. φ^2, ou à-peu-près tang. ψ

$= 22.$ tang. φ^2, quel que soit le rapport entre a & b ; il en est de même de toutes les autres especes. C'est donc par-là qu'il faut juger à quelle espece on doit rapporter chaque vaisseau proposé. Pour éclaircir ce que nous venons de dire par un exemple, supposons un vaisseau dans lequel cette relation a lieu, tang. $\psi = 50.$ tang. φ^2; si l'on compare le nombre 50 avec le coefficient $\frac{a^3}{2b^3}$, on trouvera $\frac{a}{b} = \sqrt{100}$, ou $a = 4\frac{2}{3}. b.$ D'où l'on voit que ce vaisseau doit être placé entre notre quatrieme espece indiquée par $a = 4\frac{1}{2} b$, & la cinquieme désignée par $a = 5 b$, sans s'embarrasser du rapport qui peut avoir lieu entre la longueur & la largeur de la carene de ce vaisseau.

§. 50. Pour rendre plus générale cette façon de classer les différens vaisseaux, supposons que pour un vaisseau proposé on ait trouvé cette relation : tang. $\psi = N.$ tang φ^2, on fera $\frac{a^3}{2b^3} = N$, & l'on en tirera $\frac{a}{b} = \sqrt[3]{2.N}.$ Faisant ensuite $\sqrt[3]{2.N} = n,$ on aura $a = n. b$: d'où l'on voit que ce vaisseau doit être rapporté à celle de nos especes indiquée par $a = n. b$, quoique le vrai rapport entre la longueur & la largeur de la carene puisse être très-différent de celui-ci. Il ne sera pas difficile de découvrir la valeur de ce nombre N par une expérience assez simple : on disposera les voiles obliquement à l'axe AB sous un angle AFS = α, qu'on pourra prendre à volonté ; dirigeant ensuite le vaisseau ensorte que le vent tombe perpendiculairement sur les voiles, pour que la force poussante FY soit bien perpendiculaire à leur surface, & que l'effet de leur courbure soit le moindre qu'il est possible, on aura l'angle ψ = 90° — α. Le vaisseau ainsi disposé, on lui fera parcourir quelque espace, & on observera exactement la route FX, sur laquelle il sille ; ce qui fera connoître la dérive ou l'angle AFX = φ. Connoissant par cette expérience les deux angles ψ & φ, on aura le nombre N = $\frac{tang. \psi}{tang. \varphi^2}$; d'où l'on déterminera l'espece à laquelle ce vaisseau doit être rapporté. Au reste, il sera toujours bon de faire ces expériences par un beau tems, & lorsque la mer est calme, pour n'avoir rien à craindre de l'agitation des vagues.

§. 51. On peut encore se servir utilement de bons modeles en petit, qui représentent exactement les vaisseaux tels qu'ils sont, pour faire des expériences sur la résistance des vaisseaux ; ce qui seroit d'au-

tant plus intéreſſant, que la théorie, ſur ce
ſujet, eſt encore très-défectueuſe, comme
nous l'avons déjà remarqué. Pour remplir
cet objet, il ne ſeroit pas néceſſaire que le
modele repréſentât le vaiſſeau en entier; il
ſuffiroit qu'il exprimât exactement la figure
de la carene, & ſur-tout ſa ſurface, même
juſqu'au degré de poli qu'elle peut avoir:
car on a obſervé que les carenes plus ou
moins polies ou unies, ſont ſuſceptibles de
différens degrés de réſiſtance. Mais il eſt
inutile de repréſenter, dans un tel modele,
toutes les parties de l'intérieur du vaiſſeau,
ainſi que tout ce qui ſe trouve au-deſſus
de l'eau. Il eſt eſſentiel de le leſter de façon qu'étant mis à l'eau, ſa partie ſubmergée réponde exactement à celle du vaiſſeau qu'il repréſente. On comprendra aiſément qu'en mettant en expérience pluſieurs petites carenes, telles qu'on vient de
les décrire, & de figures différentes, on en
pourra tirer des lumieres très-importantes
pour perfectionner la conſtruction des vaiſſeaux, les expériences qu'on fera aiſément
par leur moyen, pouvant faire connoitre
les bonnes ou les mauvaiſes qualités que
les vaiſſeaux conſtruits ſur leurs modeles
doivent avoir relativement à la réſiſtance.
Car pour les autres propriétés des vaiſſeaux, la théorie eſt déjà aſſez ſolidement

établie, pour qu'on n'ait plus besoin de consulter l'expérience.

§. 52. Pour faire ces expériences il faut un grand bassin rempli d'eau *ll n n*, dans *Fig. 14.* lequel le modele qu'on veut mettre en expérience puisse se mouvoir librement par un espace assez considérable. Supposant donc qu'il s'agisse de trouver la résistance qu'un tel modele AB éprouvera dans l'eau par sa proue dans la route directe, on y attachera un fil AMNO, qu'on fera passer hors du bassin par-dessus une poulie O, & qu'on chargera à l'autre extrémité d'un poids P, qui par sa pesanteur entraînera le petit vaisseau par l'espace AMN. On observera d'attacher le fil au petit vaisseau, ensorte que pendant son mouvement la carene demeure enfoncée dans l'eau à la profondeur déterminée, & que le mouvement se fasse par la même ligne droite AN, suivant la direction de l'axe BA ; c'est ce qu'il ne sera pas difficile d'obtenir, après quelques essais. Le mouvement du modele sera d'abord accéléré, mais il ne tardera pas à devenir uniforme. Supposons que cela arrive après avoir parcouru l'espace AM, on marquera cet endroit M sur le bassin par la ligne *mm;* & aussi-tôt que le modele aura atteint ce terme M, on comptera par le moyen d'un pendule, le nombre de fecondes qu'il lui faut pour parcourir l'efpace MN ; ce tems obfervé avec foin, & déterminé, on fera en état d'affigner la réfiftance que le modele éprouve dans les routes directes.

§. 53. Pour cet effet, on réduira d'abord le poids P, dont on charge le fil, à un volume d'eau également pefant ; de forte que P foit une étendue de trois dimenfions. Prenant enfuite rr pour exprimer la furface plane qui éprouveroit la même réfiftance que le vaiffeau en fe mouvant directement dans l'eau avec la même vîteffe, rr repréfentera la réfiftance abfolue du vaiffeau que nous cherchons : foit de plus v la vîteffe avec laquelle le vaiffeau parcourra uniformément l'efpace MN $= s$, & que le nombre des fecondes obfervé, foit $= t$, les lettres s, t & P expriment, comme on le voit, des quantités connues ; & r, ainfi que v, des inconnues. Maintenant il eft clair que la réfiftance fera $= \frac{vv}{4g} rr$, & cette réfiftance devant être égale à la force P, nous aurons cette équation $\frac{vv \cdot rr}{4g} = P$. Or, puifque le mouvement fe fait avec la vîteffe v par l'efpace s dans le tems t, on aura $v = \frac{s}{t}$. Notre

équation deviendra donc, en subftituant,
$\frac{ssrr}{4sll} = P$; d'où l'on tirera la réfiftance abfolue $rr = \frac{4sPll}{ss}$, exprimée par des quantités connues.

§. 54. On pourra encore par des expériences femblables, faites fur des modeles
de vaiffeaux, découvrir la jufte relation
entre les deux angles ⧻ & ⦁, que nous venons d'indiquer par cette formule tang. ⧻
= N. tang. ⦁². Il ne faut pour cela, que
fe rappeller l'origine de cette formule que
nous avons tirée du rapport entre la réfiftance de la proue & la réfiftance latérale
que le vaiffeau éprouveroit fi le mouvement fe faifoit felon la direction du petit
axe de la carene. Car ayant défigné la réfiftance de la proue par la lettre p, & la
réfiftance latérale par q, nous avons d'a-
bord trouvé cette égalité: Tang. ⧻ = $\frac{q}{p}$.
Tang. ⦁². Or, l'expérience du paragraphe
précédent nous ayant déjà fait trouver la
réfiftance abfolue de la proue $p = rr$, il
ne refte plus qu'à faire encore une expérience femblable qui nous fera trouver
l'autre réfiftance abfolue q.

§. 55. Pour cela, mettant dans le baffin

le petit modele, on le fera mouvoir par l'espace MN, de façon que la direction du mouvement soit toujours perpendiculaire au grand axe AB; ce qu'on pratiquera aisément par le moyen de deux fils attachés en A & en B, & noués ensemble en C. Comme c'est ici le même modele que dans l'expérience précédente, on le fera mouvoir par le même espace MN $=s$, en employant le même poids P. Supposons maintenant que la résistance latérale que nous cherchons, soit égale à celle d'une surface plane RR, & que le mouvement, par l'espace MN se fasse en T secondes, nous trouverons, comme dans le cas précédent $R^2 = \frac{4 g\, P.\, TT}{s s}$. Cette formule nous donne la valeur de la lettre $q = \frac{4 g\, P.\, TT}{s s}$, celle de p étant $= \frac{4 g\, P.\, t t}{s s}$. Le rapport $\frac{q}{p}$ entre les deux résistances devient donc $= \frac{RR}{r r} = \frac{TT}{t t}$; & ce rapport suit la raison doublée des tems T & t, employés à parcourir le même espace MN. Ayant donc $N = \frac{TT}{t t}$, on aura $n = \sqrt{2 N} = \sqrt{\frac{2 TT}{t t}}$, & les vaisseaux construits sur ce modele doivent être rapportés à l'espece qu'on désigne par l'équation $a = n b$, quel que soit le rapport qui ait lieu entre la longueur de la carene *a* & fa largeur *b*.

Suppofons qu'on ait trouvé, par une expérience, les deux tems $t = 5'$, & $T = 40'$, on aura dans ce cas $N = 64$; & partant $x = \sqrt[3]{2N} = 5,04$: d'où l'on voit qu'un tel vaiffeau doit être claffé dans la cinquieme efpece $a = 5b$ à fort peu près. Telle eft en général la méthode qu'il faudra fuivre pour appliquer les regles données ci-deffus pour les routes obliques des vaiffeaux.

MÉMOIRE

SUR L'ACTION DES RAMES.

§. 1. L'ACTION des Rameurs étant un travail des plus pénibles, il est sans doute bien fâcheux que ce ne soit que le tiers de leurs efforts qui soit employé à mettre le vaisseau en mouvement, tandis que les deux autres tiers sont employés presqu'inutilement, tant pour retirer les rames hors de l'eau, que pour les ramener dans leur premiere situation pour les plonger de nouveau dans l'eau. Ainsi, le nombre des Rameurs étant supposé $= n$, on n'en peut compter que $\frac{1}{3} n$, qui travaillent actuellement à mouvoir le vaisseau ; car quoique tous les Rameurs agissent à la fois en frappant l'eau avec leurs rames, & que leur action continue dans le même ordre, rien n'empêche qu'on ne puisse supposer qu'il n'y a que $\frac{1}{3} n$ des Rameurs qui travaillent continuellement à pousser le vaisseau. Cette supposition, qui n'a rien que de légitime, est d'ailleurs nécessaire pour qu'on puisse regarder le mouvement du vaisseau comme uniforme, sans être obligé de faire attention aux accélérations & retardations alter-

natives auxquelles les vaisseaux mis en mouvement par l'action des rames sont assu-
jettis en effet. De plus, comme les Rameurs sont des agens libres, leur action
n'est pas susceptible d'une détermination
plus exacte, parce que leurs efforts peuvent varier d'une infinité de manieres sans
qu'ils s'en apperçoivent presque eux-mêmes.

§. 2. Considérons maintenant la force
avec laquelle un Rameur est capable d'agir:
il faut d'abord remarquer que quels que
soient les efforts qu'un Rameur peut faire
étant en repos, ils doivent souffrir une diminution d'autant plus grande qu'ils exigent de la part du Rameur plus de vitesse
dans le mouvement de son corps & de ses
membres; & il y aura toujours un certain
degré de vitesse qu'il ne peut atteindre sans
devenir incapable de tout effort, & plus
il en approche, plus la force qu'il veut employer souffre de diminution. Comme il est
de la derniere importance de tenir compte
de cette variabilité dans la force des Rameurs, qui résulte de leur propre mouvement, nous tâcherons de la ramener à quelque détermination fixe. Nommons pour
cet effet F la force qu'un Rameur en repos est capable de déployer, & soit c la
plus grande vitesse avec laquelle il peut

mouvoir ſes membres ; de ſorte que re-
muant ſes membres avec cette vîteſſe c,
il ſoit dès-lors hors d'état de vaincre le
moindre obſtacle. Cela poſé, il s'agit d'aſſigner la force avec laquelle ce même Rameur agira lorſqu'il ſe meut avec une vîteſſe donnée $= u$: la formule qui exprime
cette force doit être telle., que prenant la
vîteſſe $u = 0$, la force devienne $= F$, &
qu'elle s'évanouiſſe en faiſant $u = c$.

§. 3. Cette diminution de force eſt évidemment cauſée par les efforts que les Rameurs doivent faire pour mouvoir leur propre corps ; de ſorte que plus ils emploient
de force pour produire cet effet, moins il
leur en reſte pour appliquer aux rames.
Mais comme la liberté de l'agent ne peut
qu'influer beaucoup ſur ſon action, il eſt
impoſſible de renfermer cette variabilité
dans des formules analytiques ; cependant
il y a lieu de préſumer que nous ne nous
écarterons pas beaucoup de la vérité en
comparant ce cas avec celui d'un courant
d'eau, dont la vîteſſe ſoit $= c$, & qui, en
choquant un corps en repos, y exerce une
force $= F$. Or ſi le même corps eſt mu
ſuivant la même direction avec une vîteſſe $= u$, moindre que c, on ſait que
la force du courant ſur ce corps ſera alors
$= F$

$= F \left(1 - \frac{u}{c} \right)^2$; d'où il paroît qu'on peut
se servir de la même formule pour exprimer la force d'un Rameur dans le cas proposé. Il est bon d'observer, sur cette formule, que la lettre F n'exprime pas tant une force absolue qu'un volume d'eau dont le poids est égal à la force en question; & que les lettres c & u dont nous nous servons pour exprimer les vitesses, indiquent les espaces que les vitesses feroient parcourir dans une seconde.

§. 4. Supposant maintenant le Rameur en action, & $u =$ la vitesse avec laquelle il remue son corps, & nommément ses bras, la force qu'il déploiera sur les rames sera exprimée par cette formule $F \left(1 - \frac{u}{c} \right)^2$. Et comme le nombre des Rameurs est supposé $= n$, & que ce n'est que le tiers dont l'action est continuelle, la somme de toutes les forces qui agissent sur les rames pour mouvoir le vaisseau, sera $= \frac{1}{3} n . F \left(1 - \frac{u}{c} \right)^2$. Telle est la force totale qui agit continuellement sur le vaisseau, & que nous indiquerons, pour abréger, par la lettre P, en faisant $P = \frac{1}{3} n . F \left(1 - \frac{u}{c} \right)^2$.

§. 5. Que la ligne POQ représente une rame appuyée en O sur le bord du vais- *Fig. 1ʳᵉ*

Q

feau, & nommons fa partie intérieure au vaiffeau OP $= p$, & l'autre extérieure OQ $= q$, en fuppofant que la force du Rameur eft appliquée au point P, & que le point Q eft le centre de la pâle, ou de la partie de la rame qui frappe l'eau. Cela pofé, puifque le point de la rame P eft tiré par le Rameur dans la direction PR avec la viteffe $= u$, la ligne PR étant perpendiculaire à OP ; l'autre point Q en recevra un mouvement fuivant la direction QS, dont la viteffe fera $= \frac{up}{p}$, la ligne QS étant pareillement perpendiculaire à OQ, la rame étant regardée comme une ligne droite, ou comme un levier appuyé au point O.

§. 6. Confidérant maintenant le mouvement du vaiffeau que l'on fuppofe fe mouvoir felon la direction A*a* avec une viteffe $= v$, il eft clair qu'il éprouvera la même réfiftance que s'il étoit en repos, & que l'eau coulât fuivant la direction contraire *a*A avec la viteffe $= v$. Dans cette fuppofition, on peut regarder le vaiffeau comme étant effectivement en repos, & l'action des rames comme employée à conferver le vaiffeau en repos dans le courant d'eau, dont la viteffe eft v. Pour déterminer la réfiftance, on fuppofera que ff ex-

prime une furface plane qui, frappée directement par le même courant d'eau, en
reçoit un choc égal à la réfiftance cherchée. Cela pofé, on fait que la force de
cette réfiftance fera égale au poids d'une
maffe d'eau dont le volume $= ff.\frac{vv}{4g}$, g défignant la hauteur de la chûte d'un corps
dans une feconde. Faifons encore, pour
abréger, cette formule $\frac{ff\,vv}{4g} = R$.

§. 7. Retournons à préfent à la rame,
dont le point Q a un mouvement fuivant
QS avec la viteffe $= \frac{q\,u}{p}$. L'eau étant mue
fuivant la direction uA avec la viteffe $= v$,
on voit que la rame ne frappe l'eau qu'au-
tant que fa viteffe $\frac{q\,u}{p}$ furpaffe la viteffe de
l'eau v. La direction QS n'eft pas à la vérité précifément la même que uA, mais
la différence ne peut jamais être bien confidérable; la longueur qu'il eft d'ufage de
donner aux rames eft telle que pendant
qu'on les meut dans l'eau, la direction QS
ne peut différer que fort peu de la direction du vaiffeau. On peut donc fuppofer
la viteffe avec laquelle l'eau eft frappée par
les rames, $= \frac{q\,u}{p} - v$.

§. 8. Soit à présent hh la surface d'une pale, ou de l'extrémité de la rame avec laquelle l'eau est frappée perpendiculairement ou à-peu-près, la force qui en résulte sera $= \frac{hh}{4f} \cdot (\frac{1s}{p} - v)^2$, dont la direction sera la droite QT, la même à-peu-près que celle du mouvement; & comme cette formule exprime la force d'un Rameur, produite dans le point P de la rame, la somme de toutes ces forces sera $= \frac{1}{3} n \cdot \frac{hh}{4f} (\frac{1s}{p} - v)^2$, nous la ferons, pour abréger, $= Q$. Il faut observer que hh indique l'aire d'une pale qui répond à un Rameur: car si deux ou plusieurs Rameurs étoient appliqués à une même rame, alors hh ne désigneroit que la moitié ou une moindre partie de la surface entiere de la pale.

§. 9. Voilà donc trois forces, P, Q & R, dont la solution de notre Problème dépend, ou la détermination de la vitesse qui sera imprimée au vaisseau par le nombre n de Rameurs que nous lui supposons appliqués; puisque nous considérons le vaisseau comme en repos, la nature du levier appuyé au point O nous fournit le rapport entre les forces P & Q, lequel est exprimé par l'égalité P. $p = Q. q$. Mais

comme ces deux forces ne font appliquées
qu'à la rame qui leur obéit actuellement,
on ne peut les confidérer comme agiſſantes
immédiatement ſur le corps du vaiſſeau :
c'eſt la force que ſoutient l'appui O, qui
agit immédiatement ſur le vaiſſeau ; & cette
force étant égale à la ſomme $P + Q$, le
point O en eſt ſollicité ſuivant la direction
OA : mais comme les Rameurs, en tirant
les rames dans la direction PR, appuient
leurs corps & principalement leurs pieds
contre le vaiſſeau, il en réſulte une force
$= P$, dont le vaiſſeau eſt repouſſé en ſens
contraire. Il faut donc retrancher cette
force de celle qui eſt appliquée au point O,
& qui eſt $= P + Q$; il ne reſtera donc
que la force $= Q$, par laquelle le vaiſſeau
ſera pouſſé dans la direction OA. Mais le
mouvement du vaiſſeau étant ſuppoſé uniforme, il faut que cette force Q ſoit égale
à la réſiſtance R. Il n'eſt donc plus queſtion que de connoître ces deux équations :
$1^o. P.p = Q.q$; & $2^o. Q = R$.

§. 10. La derniere de ces équations,
$Q = R$, en mettant à la place de Q & R
leurs valeurs trouvées ci-deſſus, devient
$\frac{1}{3} n. \frac{hh}{4g} (\frac{gn}{p} - v)^2 = \frac{ff.vv}{4g}$, dont la racine
quarrée eſt $h. (\frac{gn}{p} - v) \sqrt{\frac{1}{3} n} = f v$;

d'où l'on tire $\frac{1^{u}}{p} - v = \frac{fv}{h\sqrt{\frac{1}{3}n}}$. Suppofons,

pour abréger, $\frac{f}{h\sqrt{\frac{1}{3}n}} = m$; de forte que

$f = \frac{1}{3} m^2 . h^2 . n$, ou $n = \frac{3 . ff}{m^2 . h^2}$; & notre

équation deviendra $\frac{1^{u}}{p} - v = mv$; d'où

l'on tirera $\frac{1}{p} = \frac{(m+1) v}{u}$, & $\frac{u}{p} = \frac{u}{(m+1) v}$.

Nous connoiffons donc le rapport entre
les deux parties de chaque rame, les deux
viteffes v & u avec le nombre m étant
données.

§. 11. La première équation $Pp = Qq$
nous fournit enfuite, à caufe de $Q = R$,
$P = \frac{qR}{p} = \frac{(m+1) . v}{u} . R$, nouvelle équation qui devient, en introduifant les va-
leurs trouvées ci-deffus, $\frac{1}{3} n . F (1 - \frac{u}{c})$
$= \frac{ff (m+1) v^3}{4 g . u}$; d'où l'on tire $\frac{1}{3} n . F u$

$(1 - \frac{u}{c})^2 = \frac{ff . (m+1) . v^3}{4 g}$. Cette équation fervira pour trouver la viteffe du vaif-
feau v, la force des Rameurs, leur nombre n, leur viteffe u, & le nombre m
étant donnés, au moyen de cette formule

$$v = \sqrt{\frac{\frac{4}{3} n g F u (1 - \frac{u}{c})^2}{4 f (m+1)}}$$

§. 12. Nous pouvons encore, au moyen de cette formule, réfoudre cette queſtion très-importante : *Avec quelle vîteſſe les Rameurs doivent-ils agir fur les rames, afin que le vaiſſeau reçoive la plus grande vîteſſe poſſible ?* Car nous voyons que cette vîteſſe s'évanouiroit, tant au cas de $u = 0$, qu'au cas de $u = c$. Il s'agit donc de trouver la valeur de u, afin que la formule ait la plus grande valeur poſſible : c'eſt ce qui a lieu lorſque $u = \frac{1}{3} c$. Une remarque intéreſſante à faire ici, eſt que $F(1 - \frac{u}{c})^2$, exprimant la force d'un Rameur, & u la vîteſſe avec laquelle il agit, le produit $F u (1 - \frac{u}{c})^2$ exprime préciſément ce qu'on nomme, en méchanique, la quantité d'action. Une autre obſervation importante, & qui mérite également toute notre attention, eſt que la vîteſſe imprimée au vaiſſeau v eſt proportionnelle à la racine cubique de la quantité d'action des Rameurs, autant que la lettre m demeure la même : car m renfermant auſſi le nombre des Rameurs, cette proportion peut devenir plus compliquée, comme nous le verrons dans la ſuite. Il n'y a donc aucun doute qu'on ne doive prendre $u = \frac{1}{3} c$, ce qui donne la quantité d'action $\frac{4}{27} F c$; & la plus grande vîteſſe du vaiſſeau aura pour expreſſion cette

quantité $\sqrt{\frac{16}{81} \frac{ng\,Fc}{ff(m+1)}}$, qui deviendra, en mettant pour n sa valeur $\frac{3ff}{m^2 h^2}$,

$\sqrt{\frac{16}{27} \frac{g\,Fc}{m^2 h^2 (m+1)}}$. Ayant ainsi trouvé la
plus grande vîtesse, on voit que la lon-
gueur de chaque rame doit être parta-
gée au point O, de façon qu'on ait
$\frac{OQ}{OP} = \frac{1}{p} = \frac{(m+1)v}{m} = \frac{3(m+1)v}{c}$. En
disposant les rames ainsi que le prescrit
cette formule, elles seront disposées le plus
avantageusement qu'il est possible, pour imprimer au vaisseau la plus grande vîtesse.

§. 13. Pour appliquer ces formules à la
pratique, il faut d'abord donner à F, qui
désigne la force avec laquelle un homme
en repos est capable d'agir, sa véritable valeur, en observant qu'on ne doit pas supposer cette force trop grande, afin que les
Rameurs puissent soutenir le travail. Quelques expériences ont fait connoître qu'on
ne peut porter cette force au-delà du poids
des trois quarts d'un pied cubique d'eau,
ou d'environ cinquante-quatre livres. On
est encore fondé à juger que la plus grande
vîtesse d'un homme c ne doit pas surpasser
sept pieds & demi, dont le tiers ou la valeur
de u est $2\frac{1}{2}$ pieds. D'après ces déterminations il est aisé de juger si une galere, ou
autre bâtiment à rames, est bien disposé ou,

pon : car si les Rameurs, en tirant les rames dans l'eau, remuent leurs bras avec une vitesse plus grande ou plus petite que de deux pieds & demi par seconde, c'est une marque très-sure que le travail des Rameurs n'est pas disposé comme il devroit l'être.

§. 14. On sait encore par l'expérience, que la grandeur d'une pale relativement à un homme, ne doit pas excéder un demi-pied quarré, afin que les rames ne deviennent pas d'une pesanteur qui en rendroit le maniement difficile. Faisant donc $hh = \frac{1}{2}$, on aura le nombre des Rameurs $n = \frac{6.ff}{m^2}$. Supposant ensuite le nombre des Rameurs $n = aff$, la quantité ff étant exprimée en pieds quarrés, parce que tout est rapporté à la quantité de la résistance indiquée par ff, nous aurons $mm = \frac{6}{a}$, & $m = \sqrt{\frac{6}{a}}$. Enfin la hauteur étant $g = 16$ pieds de Londres, les deux équations qui renferment toute la solution de notre Problême, seront :

$$v = \sqrt{\frac{160.a}{9\left(1 + \sqrt{\frac{6}{a}}\right)}} = \sqrt{\frac{160}{9} \cdot \frac{a}{1 + \sqrt{\frac{6}{a}}}}, \&$$

ayant trouvé v, l'autre équation est :

$$\frac{1}{p} = \frac{2(m+1)v}{6} = \frac{2\left(1 + \sqrt{\frac{6}{a}}\right)v}{5}, \text{ ou}$$

$$\frac{1}{p} = \frac{2}{3} \cdot v \left(1 + \sqrt{\frac{6}{a}}\right).$$

§. 15. Au moyen de ces formules on peut calculer une Table où l'on trouve pour chaque nombre de Rameurs, tant la vitesse du vaisseau, ou l'espace parcouru dans une seconde de tems, exprimée en pieds de Londres, que la proportion entre les deux parties de chaque rame, ou bien la valeur de la fraction $\frac{OQ}{OP}$: telle est la Table qui suit. La premiere colonne comprend le nombre des Rameurs, exprimé par la quantité $a\,ff$, ff étant la résistance absolue exprimée en pieds quarrés, on donne successivement à la lettre a les valeurs 1, 2, 3, 4, 5, &c. jusqu'à 40 & au-delà ; l'expérience ayant fait connoître qu'une galere de deux cens soixante Rameurs éprouvoit une résistance absolue $ff = 10$ pieds quarrés; le nombre des Rameurs étoit en ce cas $= 26\,ff$. La seconde colonne donne la vitesse du vaisseau, ou le nombre des pieds parcourus par seconde. Dans la troisieme colonne, on trouve l'espace parcouru dans une heure, & qui est $= 3600. v.$ L'on trouve enfin dans la quatrieme colonne la juste valeur du rapport $\frac{OQ}{OP}$.

Nombre des Rameurs.	Vîteſſe du vaiſſeau.	Eſpace parcouru par heure.	Rapport OQ OP.
1 ƒƒ	1,727	6218	2,383
2 ƒƒ	2,352	8468	2,570
3 ƒƒ	2,8c6	10080	2,710
4 ƒƒ	3,173	11425	2,824
5 ƒƒ	3,487	12555	2,923
6 ƒ	3,764	13551	3,011
7 ƒƒ	4,013	14446	3,091
8 ƒƒ	4,240	15263	3,165
9 ƒƒ	4,449	16017	3,233
10 ƒƒ	4,646	16725	3,290
11 ƒƒ	4,827	17378	3,357
12 ƒƒ	4,999	17998	3,414
13 ƒƒ	5,163	18586	3,468
14 ƒƒ	5,318	19145	3,520
15 ƒƒ	5,466	19679	3,568
16 ƒƒ	5,608	20191	3,617
17 ƒƒ	5,745	20681	3,663
18 ƒƒ	5,876	21153	3,707
19 ƒƒ	6,002	21609	3,750
20 ƒ	6,124	22048	3,792
21 ƒ	6,243	22474	3,832
22 ƒƒ	6,358	22887	3,871
23 ƒƒ	6,469	23286	3,909
24 ƒƒ	6,577	23676	3,946
25 ƒƒ	6,682	24054	3,982
26 ƒƒ	6,784	24423	4,017

Nombre des Rameurs.	Viteffe du vaiſſeau.	Eſpace parcouru par heure	Rapport $\frac{OQ}{OP}$.
27 ſ	6,884	24782	4,052
28 ſ	6,982	25135	4,036
29 ſ	7,077	25475	4,118
30 ſ	7,170	25810	4,150
31 ſ	7,262	26140	4,181
32 ſ	7,350	26458	4,212
33 ſ	7,437	26773	4,243
34 ſ	7,522	27080	4,273
35 ſ	7,606	27380	4,302
36 ſ	7,688	27678	4,331
37 ſ	7,769	27966	4,359
38 ſ	7,848	28254	4,387
39 ſ	7,926	28533	4,414
40 ſ	8,003	28811	4,441
45 ſ	8,368	30127	4,569
50 ſ	8,708	31347	4,690
60 ſ	9,325	33563	4,908
70 ſ	9,874	35546	5,106
80 ſ	10,374	37347	5,286
90 ſ	10,834	39003	5,452
100 ſ	11,261	40539	5,608

§. 16. On voit, par ce qui précede, que la théorie ne détermine rien ſur la longueur abſolue des rames; mais ſi l'on conſidere l'eſpace décrit par le point P, pendant la

durée d'une palade, & qu'on fasse cet espace PR $= r$, il est évident que si la partie OP $= p$ étoit égale à PR $= r$, la rame
parcourroit dans chaque palade un angle
de 60 degrés ; de sorte qu'au commencement & vers la fin, la direction QS du
choc de l'eau seroit assez oblique à celle
du vaisseau, d'où résulteroit une diminution très-sensible. Or cet espace PR $= r$,
pouvant être estimé à trois pieds ou environ, il faut que la partie intérieure des rames OP soit au moins de cinq ou six pieds.
Toute la longueur se trouvera ainsi déterminée pour un nombre donné de Rameurs.
On peut encore remarquer que si les circonstances permettoient de donner aux
pales une surface plus grande que d'un demi-pied quarré, la vitesse du vaisseau en seroit sensiblement augmentée. C'est ce qu'on
peut voir par une Table insérée dans les
Mémoires de l'Académie de Berlin, tome
III, pag. 210, où j'ai supposé $hh = \frac{1}{2}$ pieds
quarrés ; on y verra encore que le rapport
des parties $\frac{OO}{OP}$ est plus petit. Ce que nous
venons de dire sur l'action des rames, &
sur le mouvement que le vaisseau en reçoit, paroît suffisant pour donner une idée
juste de cette matiere.

SUPPLÉMENT.

LETTRE de M. LEXELL à M. le Marquis DE CONDORCET.

MONSIEUR, ayant communiqué à M. Euler la solution d'un Problême dont il s'est occupé dans sa Théorie de la construction & manœuvre des vaisseaux, & qu'il ne croyoit alors résoluble que par approximation, il m'a chargé de vous en faire part, Monsieur, pour que vous en fassiez l'usage que vous jugerez à propos dans la nouvelle édition qui s'en fait à Paris. Quelque peu d'importance que j'attache à ma solution, je n'ai pas cru pouvoir me dispenser de me conformer à la volonté de M. Euler.

L'objet du Problême dont il s'agit dans le Mémoire ci-joint, est de *trouver la plus grande différence entre l'obliquité de la route, & celle de la force poussante.* Je ne puis pas douter que ma solution ne soit exacte, autant que l'équation tang. ω. tang. ψ = tang. φ^2, donnée par M. Euler, exprime exactement le rapport qui a lieu entre ces obliquités. Mais il paroît que la maniere dont M. Euler a démontré ce rapport, n'est pas aussi satisfaisante qu'il seroit à desirer; &

on feroit tenté de douter fi l'angle ψ ne devroit pas être exprimé par quelqu'autre fonction de l'angle φ, que le produit de tang. φ^2 par une conftante. Il me paroît qu'en général, & quelle que foit la figure du vaiffeau, on doit avoir tang. $\psi = A$. $\frac{e - cof. 2\varphi}{f + cof. 2\varphi}$, équation qui fe réduit à celle de M. Euler, lorfque $e = 1$, & $f = 1$. Il faudroit donc prouver que dans toutes les efpeces de vaiffeaux e eft $= 1$, & $f = 1$. Il faut convenir que fans cela la folution du Problême ne peut être d'une utilité générale & abfolue. Mais comme dans ces fortes de recherches il n'eft guere poffible d'atteindre à une précifion géométrique, il fuffit que le rapport déterminé par M. Euler foit vrai, à peu de chofe près.

Il fe trouve encore dans la Théorie de M. Euler un Problême bien remarquable, celui où il eft queftion de trouver le plus prompt fillage. M. Euler n'en a donné qu'une folution indirecte. Il eft vrai que la folution de ce Problême dépend de la réfolution d'une équation du cinquieme degré, & que cette équation fe refufe aux méthodes connues d'approximation. C'eft fans doute ce qui a engagé M. Euler à chercher l'angle δ en fuppofant les angles ω & φ connus, 3e *Partie de fa Théorie, Chap. V, §. 35*, plutôt que l'angle φ, en fuppofant δ connu. Je remarquerai à ce sujet que la recherche de l'angle δ, en se servant de la formule de M. Euler, n'est pas peu embarraſſante. Mais cette formule peut être transformée dans une autre extrêmement ſimple & très-commode pour le calcul numérique.

Puiſqu'on a tang. $(\delta - \ast)$ cot. $\ast$

$$= \frac{2 - \mathrm{tang.}\,\ast\,\mathrm{tang.}\,\phi}{1 - 2\,\mathrm{tang.}\,\ast\,\mathrm{tang.}\,\phi} = \frac{2\,\mathrm{cot.}\,\ast - \mathrm{tang.}\,\phi}{\mathrm{cot.}\,\ast - 2\,\mathrm{tang.}\,\phi}, \, \&$$

cot. $\ast =$ cot. a. tang. ϕ^2; on aura, en ſubſtituant cette valeur de cot. $\ast$, tang. $(\delta - \ast)$

$$\mathrm{cot.}\,\ast = \frac{2\,\mathrm{cot.}\,a.\,\mathrm{tang.}\,\phi - 1}{\mathrm{cot.}\,a.\,\mathrm{tang.}\,\phi - 2} = \frac{2\,\mathrm{tang.}\,\phi - \mathrm{tang.}\,a}{\mathrm{tang.}\,\phi - 2\,\mathrm{tang.}\,a}$$

Suppoſant enſuite tang $\theta = \frac{\mathrm{ſin.}\,(\phi + a)}{3\,\mathrm{ſin.}\,(\phi - a)}$,

on aura tang. $(45° + \theta) = \frac{1 + \mathrm{tang.}\,\theta}{1 - \mathrm{tang.}\,\theta}$

$$= \frac{3\,\mathrm{ſin.}\,(\phi - a) + \mathrm{ſin.}\,(\phi + a)}{3\,\mathrm{ſin.}\,(\phi - a) - \mathrm{ſin.}\,(\phi + a)} = \frac{2\,\mathrm{tang.}\,\phi - \mathrm{tang.}\,a}{\mathrm{tang.}\,\phi - 2\,\mathrm{tang.}\,a}$$

Donc tang. $(\delta - \ast)$ cot. $\ast =$ tang. $(45° + \theta)$, ou tang. $(\delta - \ast) =$ tang. $\ast$ tang. $(45° + \theta)$. Ainſi pour trouver l'angle δ, il n'y a qu'à chercher l'angle θ au moyen de l'équation tang. $\theta = \frac{\mathrm{ſin.}\,(\phi + a)}{3\,\mathrm{ſin.}\,(\phi - a)}$, & l'on aura tang. $(\delta - \ast) =$ tang. $\ast$ tang. $(45° + \theta)$.

J'ai l'honneur d'être, &c.

Pétersbourg, le $\frac{4}{15}$ Décembre 1775.

REMARQUES

REMARQUES sur le Problême dans lequel il est proposé de trouver la plus grande différence entre l'obliquité de la route des vaisseaux, & celle de la force poussante. *Voyez la Théorie de la construction & manœuvre des vaisseaux, par M. Euler. Partie II, Chap. IV, §. 31; Chap. V, §. 37; & Partie III, Chap. IV, §. 32.*

M. EULER, cherchant le rapport entre l'angle φ de la dérive, & l'obliquité ψ de la force poussante, a trouvé cette équation : Tang. $\psi = \frac{a^3}{2b^3}$ tang. φ^2, laquelle, en faisant $\frac{2b^3}{a^3}$ = tang. α, se tranforme en celle-ci : Tang. α. tang. ψ = tang. φ^2. Or étant proposé de trouver en quel cas la différence entre les angles ψ & φ est la plus grande, il est clair que ce cas a lieu lorsque 2 sin. 2ψ = sin. 2φ, ou, ce qui revient au même, lorsque 2 sin. ψ cos. ψ = sin. φ cos. φ, combinant cette équation avec celle

R

qui la précede, tang. α tang. ϕ = tang. ψ, on trouvera cette nouvelle équation cof. α^2 fin. ϕ^4 — 2 fin. α cof. α fin. ϕ cof. ϕ + fin. α^2 cof. ϕ^4 = 0, laquelle s'accorde parfaitement avec celle du quatrieme degré, donnée par M. Euler dans fa Théorie, *Part. II, Chap. IV*, §. 31, mais dont il n'a pas cherché les racines, croyant qu'on ne pouvoit les avoir que par approximation. Ayant un peu examiné cette équation, j'en ai trouvé une folution fort fimple, dont voici le détail.

On a fin. $\phi^4 = \frac{1}{4}$ (1 — cof. 2ϕ)^2; cof. $\phi^4 = \frac{1}{4}$ (1 + cof. 2ϕ)^2, & fin. α cof. α fin. ϕ cof. $\phi = \frac{1}{4}$ fin. 2α fin. 2ϕ. Subftituant ces valeurs dans l'équation précédente, on aura (1 — cof. 2ϕ)^2 cof. α^2 + (1 + cof. 2ϕ)^2 fin. α^2 — 2 fin. 2 α fin. 2ϕ = 0, d'où l'on tirera, en développant les puiffances indiquées, cof. $2\phi^2$ — 2 cof. 2ϕ cof. 2α — 2 fin. 2α fin. 2ϕ + 1 = 0. On peut donner à cette équation une forme plus commode en faifant $2\phi = \zeta$, & $2\alpha = \beta$; ce qui donnera cof. ζ^2 — 2 cof. β cof. ζ — 2 fin. ζ fin. β + 1 = 0. Pour réfoudre maintenant cette équation, je fuppoferai qu'elle eft formée par les deux fuivantes : cof. ζ + m fin. ζ + n = 0; cof. ζ — m fin. ζ + n' = 0, lefquelles,

multipliées l'une par l'autre, donneront cof. $\zeta^2 - m^2$ fin. $\zeta^2 + (n + n')$ cof. $\zeta + m (n' - n)$ fin. $\zeta + n n' = 0$, ou bien $(1 + m^2)$ cof. $\zeta^2 + (n + n')$ cof. $\zeta + m (n' - n)$ fin. $\zeta + n n' - m^2 = 0$. Pour pouvoir maintenant faire la comparaison de cette équation avec celle qu'il eft queftion de réfoudre, on multipliera celle-ci par $1 + m^2$, ce qui donnera $(1 + m^2)$ cof. $\zeta^2 - 2 (1 + m^2)$ cof. β cof. $\zeta - 2 (1 + m^2)$ fin. β fin. $\zeta + 1 + m^2 = 0$. Comparant ces deux équations terme à terme, il en réfultera les égalités fuivantes :
$n + n' = - 2 (1 + m^2)$ cof. β ; $n' - n = \dfrac{- 2 (1 + m^2)}{m}$ fin. β ; $n n' = 1 + 2 m^2$,
Les premiere & feconde égalités donneront $n' = -(1 + m^2) ($cof. $\beta + \dfrac{fin. \beta}{m})$;
$n = -(1 + m^2) ($cof. $\beta - \dfrac{fin. \beta}{m})$, & par conféquent $n n' = (1 + m^2)^2 ($cof. $\beta^2 - \dfrac{fin. \beta^2}{m^2}) = 1 + 2 m^2$.

Faifant enfuite, pour faciliter le calcul, $m^2 = \mu$, l'équation deviendra $(1 + \mu)^2 ($cof. $\beta^2 - \dfrac{fin. \beta^2}{\mu}) = 1 + 2 \mu$, ou $(1 + \mu)^2 (\mu$ cof. $\beta^2 - $fin. $\beta^2) = \mu (1 + 2 \mu)$; ou enfin, à caufe de cof. $\beta^2 = 1 - $fin. β^2, $- (1 + \mu)^3$ fin. $\beta^2 + \mu (1 + \mu)^2 = \mu$

$(1 + 2\mu)$; d'où l'on conclud $(1 + \mu)^3$ ſin. $\beta^2 = \mu^3$.

Il ſuit évidemment de-là que $\frac{\mu}{1+\mu}$ $=$ ſin. $\beta^{\frac{2}{3}}$. Donc $\mu = \frac{\text{ſin. } \beta^{\frac{2}{3}}}{1 - \text{ſin. } \beta^{\frac{2}{3}}}$, &

$$m = \frac{\text{ſio. } \beta^{\frac{2}{3}}}{\sqrt{(1 - \text{ſin. } \beta^{\frac{2}{3}})}}.$$

Suppoſant maintenant qu'on ait cherché un angle γ tel que ſin. $\gamma = $ ſin. $\beta^{\frac{1}{3}}$ on aura $m = \frac{\text{ſin. } \gamma}{\sqrt{(1 - \text{ſin. } \gamma^2)}} = $ tang. γ. Donc $1 + m^2 = 1 + $ tang. $\gamma^2 = \frac{1}{\text{coſ. } \gamma^2}$; coſ. $\beta + \frac{\text{ſin. } \beta}{m} = \frac{\text{ſin. } (\beta + \gamma)}{\text{ſin. } \gamma}$; coſ. $\beta - \frac{\text{ſin. } \beta}{m}$ $= \frac{\text{ſin. } (\gamma - \beta)}{\text{ſin. } \gamma}$: $n' = - (1 + m^2)($ coſ. β $+ \frac{\text{ſin. } \beta}{m}) = - \frac{\text{ſin. } (\beta + \gamma)}{\text{ſia. } \gamma \text{ coſ. } \gamma^2}$; $n = \frac{-\text{ſin. } (\gamma - \beta)}{\text{ſin. } \gamma \text{ coſ. } \gamma^2}$ $= - \frac{\text{ſin. } (\beta - \gamma)}{\text{ſin. } \gamma \text{ coſ. } \gamma^2}$. Subſtituant ces valeurs dans nos deux équations ſin. γ coſ. γ^2 coſ. $\zeta + m$ ſin. $\zeta + n = 0$; coſ. $\zeta - m$ ſin. $\zeta + n' = 0$, elles prendront les formes ſuivantes : coſ. $\zeta + $ tang. γ ſin. ζ $+ \frac{\text{ſin. } (\beta - \gamma)}{\text{ſin. } \gamma \text{ coſ. } \gamma^2} = 0$; coſ. $\zeta - $ tang. γ ſin. ζ $- \frac{\text{ſin. } (\beta + \gamma)}{\text{ſin. } \gamma \text{ coſ. } \gamma^2} = 0$; ou bien coſ. $(\zeta - \gamma)$ $= \frac{\text{ſin. } (\gamma - \beta)}{\text{ſin. } \gamma \text{ coſ. } \gamma}$; coſ. $(\zeta + \gamma) = \frac{\text{ſin. } (\gamma + \beta)}{\text{ſin. } \gamma \text{ coſ. } \gamma}$.

Mais ces deux équations ne fauroienc fournir également des valeurs réelles pour l'angle ζ; car il s'enfuivroit de-là que cet angle pourroit avoir quatre valeurs réelles. Il faut donc chercher laquelle de ces deux équations donne des valeurs réelles pour ζ. On voit d'abord que la premiere équation donnera des valeurs réelles pour ζ, fi l'ex-preſſion $\frac{fin. (\gamma - \beta)}{fin. \gamma. coſ. \gamma}$ eſt une fraction, ou fi fin. γ coſ. γ > fin. $(\gamma - \beta)$, ou enfin fi fin. γ coſ. γ > fin. γ coſ. β — coſ. γ fin. β. Or ayant fuppofé ci-deſſus fin. $\gamma^3 =$ fin. β, on aura coſ. $\beta = \sqrt{(1 - fin. \gamma^6)} = coſ. \gamma \sqrt{(1 + fin. \gamma^2 + fin. \gamma^4)}$, & fin. γ coſ. β — coſ. γ fin. $\beta =$ fin. γ coſ. $\gamma \times (\sqrt{1 + fin. \gamma^2 + fin. \gamma^4} - fin. \gamma^2)$. De plus il eſt évident que $1 +$ fin. $\gamma^2 = \sqrt{(1 + 2 fin. \gamma^2 + fin. \gamma^4)}$ eſt $> \sqrt{(1 + fin. \gamma^2 + fin. \gamma^4)}$. Par conféquent fin. γ coſ. γ $(1 + fin. \gamma^2)$ > fin. γ coſ. $\gamma \sqrt{(1 + fin. \gamma^2 + fin. \gamma^4)}$ & fin. γ coſ. γ > fin. γ coſ. γ $(\sqrt{(1 + fin. \gamma^2 + fin. \gamma^4)} - fin. \gamma^2)$. Donc fin. γ coſ. γ > fin. $(\gamma - \beta)$. Il eſt donc démontré que la premiere de nos deux équations fournira toujours des va-leurs réelles pour ζ; & partant, que la fe-conde ne peut donner que des imaginaires.

Il eſt queſtion maintenant de trouver les deux valeurs de ζ, déduites de l'équation cof. $(\zeta - \gamma) = \frac{\sin. (\gamma - \beta)}{\sin. \gamma \, cof. \gamma}$. Pour cela

nous ferons $\frac{\sin. (\gamma - \beta)}{\sin. \gamma \, cof. \gamma} = $ cof. ϵ, & nous

aurons $\zeta - \gamma = \epsilon$, ou $\zeta' - \gamma = - \epsilon$; d'où
l'on tire $\zeta = \gamma + \epsilon$, $\zeta' = \gamma - \epsilon$; & par
conséquent $\varphi = \frac{1}{2} (\gamma + \epsilon)$, $\varphi' = \frac{1}{2} (\gamma - \epsilon)$,
& $\varphi + \varphi' = \gamma$, $\varphi - \varphi' = \epsilon$. Il ne reste donc
plus, pour completter la folution de notre
Problême, qu'à déterminer les deux angles
γ & ϵ; mais le premier eft donné par l'é-
quation fin. $\gamma = $ fin. $\beta^{\frac{1}{3}} = $ fin $2 a^{\frac{1}{3}}$, & le
fecond par l'équation cof. $\epsilon = \frac{\sin. (\gamma - \beta)}{\sin. \gamma \, cof. \gamma}$:
les deux valeurs réelles de φ, $\varphi = \frac{1}{2} (\gamma + \epsilon)$,
$\varphi' = \frac{1}{2} (\gamma - \epsilon)$ feront donc déterminés.

Ayant ainfi trouvé la valeur de φ, il eft
aifé d'en déduire l'angle ψ au moyen des
équations tang. α tang. $\psi = $ tang. φ^2, ou
α fin. $2 \psi = $ fin. 2φ; mais on peut fe paffer de ces équations en fe fervant de celle-
ci qui en dérive : fin $2 \varphi = $ fin. $(2 \alpha - 4 \psi)$.
C'eft ce que nous allons démontrer.

On a tang. $\varphi^2 = $ tang. α tang. ψ : on
aura donc cof. $\varphi^2 = \frac{cof. \alpha \, cof. \psi}{cof. (\alpha - \psi)}$, & fin. φ^2
$= \frac{\sin. \alpha \, \sin. \psi}{cof. (\alpha - \psi)}$. Donc fin. φ^2 cof. $\varphi^2 = 4$ fin.
ψ^2 cof. $\psi^2 = \frac{\sin. \alpha \, cof. \alpha \, \sin. \psi \, cof. \psi}{cof. (\alpha - \psi)^2}$, & par
conféquent 2 fin. $2 \psi = \frac{\sin 2 \alpha}{2 \, cof. (\alpha - \psi)}$

$$\rule{1cm}{0.4pt}\ \frac{\sin.\ 2\alpha}{1 + \cos.\ 2\,(\alpha - \psi)}\ ;\ \text{d'où l'on tire } 2 \sin.$$

$2\psi + 2 \sin. 2\psi \cos. 2 (\alpha - \psi) = \sin. 2\alpha$. Mais $\sin. 2\alpha - \sin. 2 (\alpha - 2\psi) = 2 \sin.$ $2\psi \cos. 2 (\alpha - \psi)$; donc $2 \sin. 2\psi - \sin.$ $2(\alpha - 2\psi) = 0$. Donc $\sin. 2\varphi = 2 \sin. 2\psi$ $= \sin. 2 (\alpha - 2\psi)$. On obtient par cette équation ou $2\alpha - 4\psi' = 2\varphi'$, ou $4\psi - 2\alpha$ $= 360° - 2\varphi$. La premiere de ces égalités donne $\psi' = \frac{1}{2} (\alpha - \varphi')$, & la seconde $\psi = 90° + \frac{1}{2} (\alpha - \varphi)$.

Quoique la solution de ce Problême soit assez simple, on peut l'abréger considérablement dans tous les cas où la fraction $\frac{2b^{\rm s}}{a^{\rm s}}$ est fort petite ; ou, ce qui revient au même, lorsque l'angle α est fort petit : car dans ces cas la plus petite valeur de l'angle φ, que nous avons désignée par φ', devient à fort peu près égale à $\frac{1}{2} \alpha$, & la valeur correspondante ψ' égale à $\frac{1}{4} \alpha$. On aura par conséquent $\varphi = \gamma - \varphi' = \gamma - \frac{1}{2} \alpha$, & $\psi = 90° + \frac{1}{4} \alpha$ $- \frac{1}{2} \gamma$. C'est en faisant l'application de ces principes aux différentes valeurs de la fraction $\frac{b}{a}$, qui peuvent avoir lieu dans les différentes especes de vaisseaux, que j'ai calculé la Table suivante, où l'on trouve la plus grande différence entre l'obliquité de la force poussante, & celle de la route pour chaque espece de vaisseaux.

TABLE.

$\frac{a}{b}$	φ	ψ	$\psi - \varphi$	$" + \varphi$
3,0	29° 46′	77° 14′	47° 28′	42° 32′
3,1	28 50	77 30	48 40	41 20
3,2	27 57	77 46	49 49	40 11
3,3	27 7	78 2	50 55	39 5
3,4	26 21	78 17	51 56	38 4
3,5	25 37	78 32	52 55	37 5
3,6	24 55	78 46	53 51	36 9
3,7	24 15	79 0	54 45	35 15
3,8	23 38	79 14	55 36	34 24
3,9	23 3	79 27	56 24	33 36
4,0	22 29	79 39	57 10	32 50
4,1	21 57	79 51	57 54	32 6
4,2	21 26	80 3	58 37	31 23
4,3	20 56	80 15	59 19	30 41
4,4	20 28	80 26	59 58	30 2
4,5	20 1	80 37	60 36	29 24
4,6	19 36	80 47	61 11	28 42
4,7	19 12	80 57	61 45	28 15
4,8	18 48	81 7	62 19	27 41
4,9	18 25	81 17	62 52	27 8
5,0	18 3	81 26	63 23	26 37
5,1	17 42	81 35	63 53	26 7
5,2	17 22	81 44	64 22	25 38
5,3	17 2	81 52	64 50	25 10
5,4	16 44	82 0	65 16	24 44
5,5	16 26	82 8	65 42	24 18
5,6	16 8	82 15	66 7	23 53

Suite de la Table.

$\frac{a}{b}$	φ	ψ	ψ — φ	× + φ
5,7	15° 51′	82° 23′	66° 32′	23 28′
5,8	15 35	82 30	66 55	23 5
5,9	15 20	82 37	67 17	22 43
6,0	15 5	82 44	67 39	22 21
6,1	14 50	82 51	68 1	21 59
6,2	14 36	82 57	68 21	21 39
6,3	14 22	83 3	68 41	21 19
6,4	14 9	83 9	69 0	21 0
6,5	13 56	83 15	69 19	20 41
6,6	13 43	83 20	69 37	20 23
6,7	13 31	83 26	69 55	20 5
6,8	13 19	83 31	70 12	19 48
6,9	13 7	83 37	70 30	19 30
7,0	12 56	83 42	70 46	19 14

On remarquera que l'angle × = 90 — ψ, est l'angle de l'obliquité des voiles. *Voyez la troisieme Partie de la Théorie de M. Euler, Chap. IV.* Ainsi cette Table peut être regardée comme un supplément de celles que M. Euler a données, *Partie II, Chap. V, §. 37, & Partie III, Ch. IV, §. 32.* Il est donc aisé, au moyen de cette Table, d'en construire une autre, où l'on trouve les angles du plus près. Il ne faut, pour cela, qu'ajouter à l'angle × + φ trouvé ci-dessus 11° 15′, la somme sera l'angle du plus près; bien entendu qu'on suppose que l'obliquité de la direction du vent est d'un point. En général, l'angle du plus près se trouve pour chaque espece de vaisseaux, en ajoutant l'obliquité du vent à l'angle × + φ.

F I N.

TABLE
DES MATIERES.

SECONDE PARTIE.

Où l'on traite de la résistance que les vaisseaux rencontrent dans leurs mouvemens progressifs, & de l'action du gouvernail,

TROISIEME PARTIE.

De la mâture & de la manœuvre des vaisseaux.

Fin de la Table.

EXTRAIT

Fig. 1.

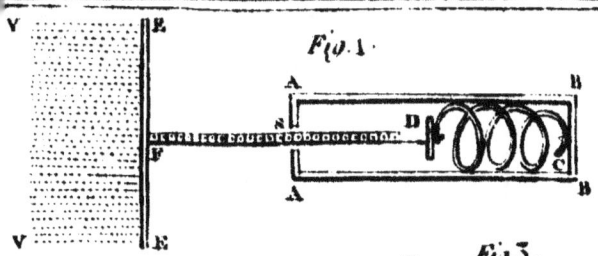

Fig. 5.

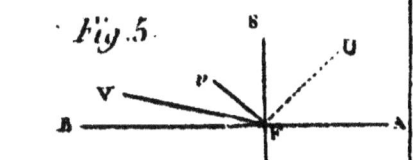

Fig. 2.   *Fig. 3.*

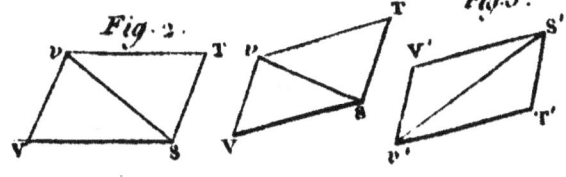

Fig. 6.

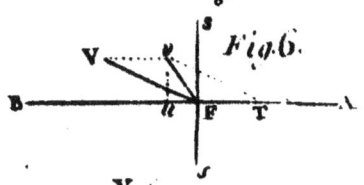

Fig. 7.

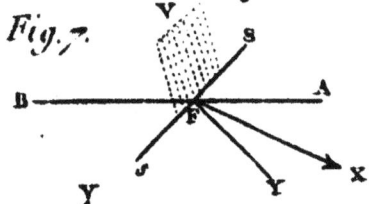

Fig. 4.

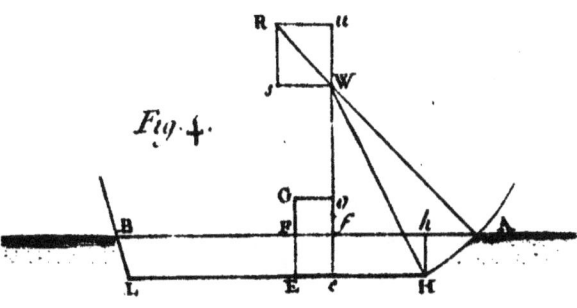

Fig. 8.

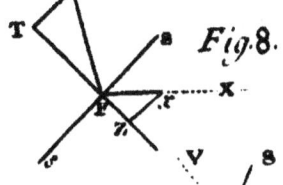

Fig. 9.

Fig. 10.

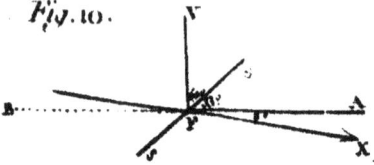

Fig. 11.

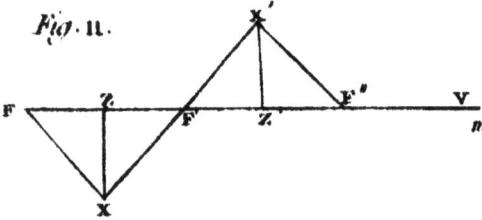

Fig. 12.

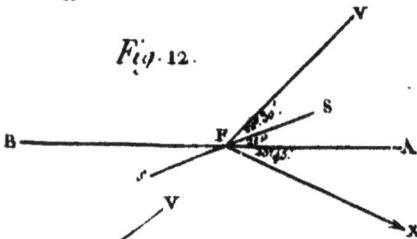

Fig. 13.

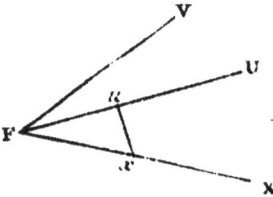

Fig. 14.

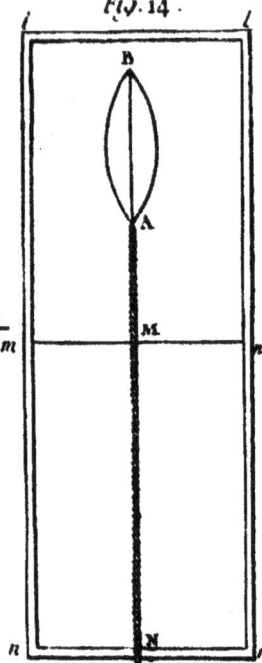

Fig. 15.

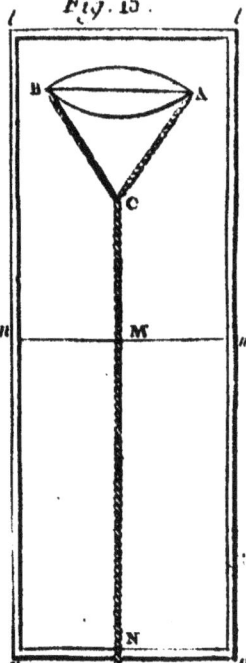

Fig. 16.

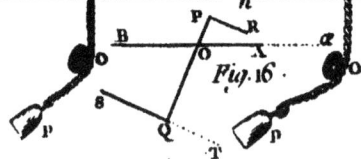

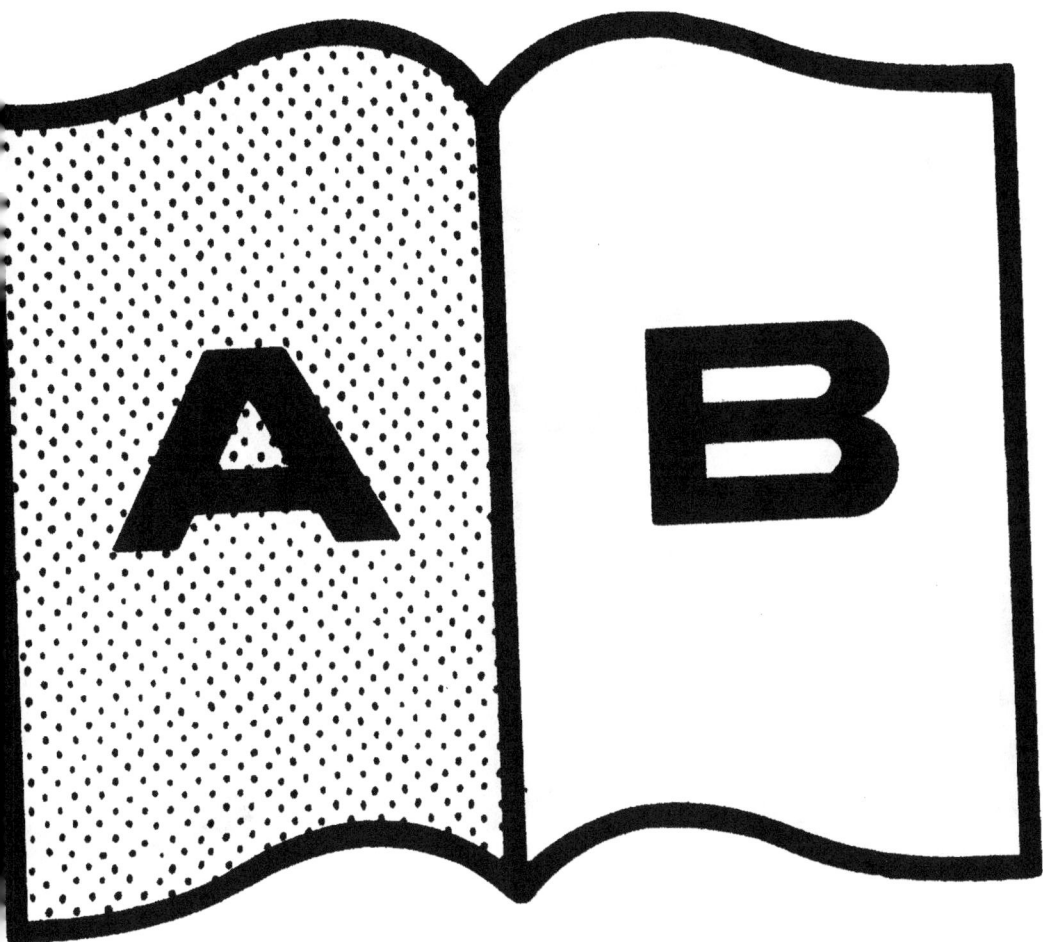

Contraste insuffisant

NF Z 43-120-14

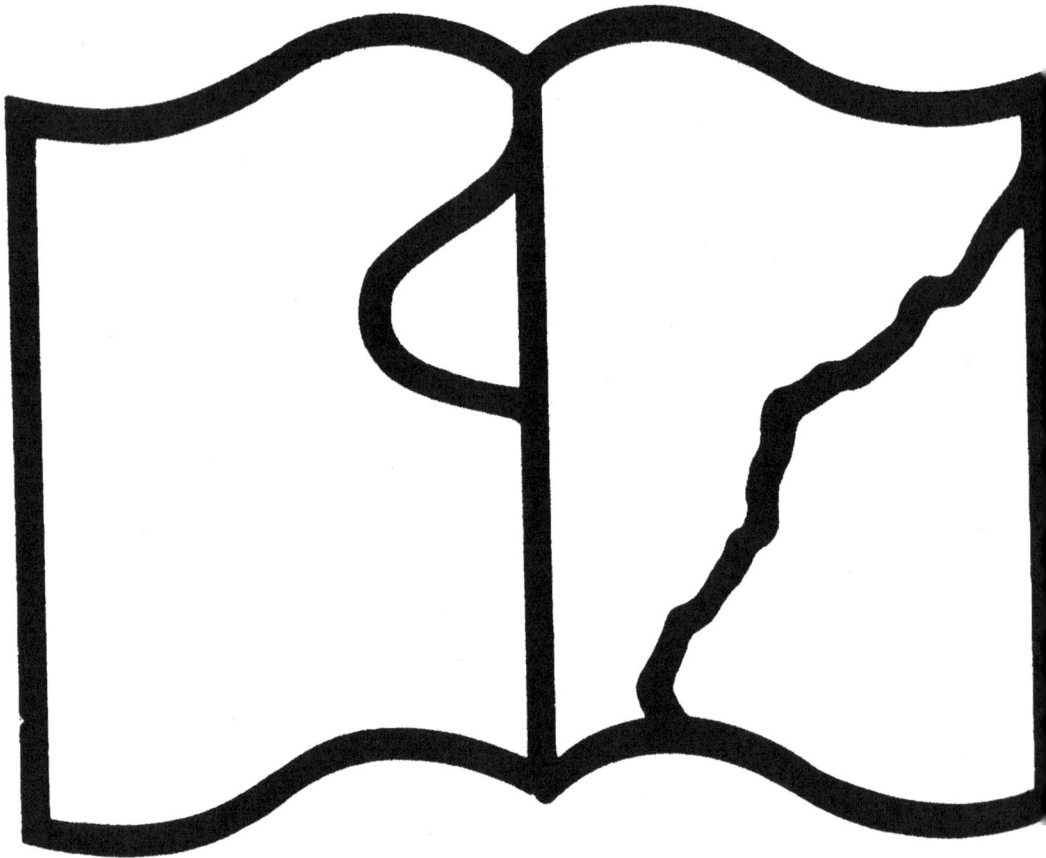

Texte détérioré — reliure défectueuse

NF Z 43-120-11

www.ingramcontent.com/pod-product-compliance
Lightning Source LLC
Chambersburg PA
CBHW070256200326
41518CB00010B/1805